Café風格
室內輕裝 358招

Life&Foods 編輯室——著
汪欣慈——譯

CONTENTS

01975WOGO
356

EPONGE
OILPAPER
CUISINE RECIPIENT
CUISINE RECIPIENT

PART 2

客廳・廚房・衛浴・玄關etc.

三、不同生活區域的改造妙計

PART 3

來看看達人們介紹的點子吧

四、改造收納空間特別技巧與道具介紹

改造前要先確認！

為了不在家裡留下傷痕可以做的事，跟不能做的事Q&A

Q 想將玄關的門換成復古風的門。

A 把門換掉非常麻煩，相當不推薦。

×

要找到同樣安裝方法與尺寸的門，相當困難，而且因為很重，作業也是高難度。用能剝除的雙面膠或是復古風的木板等，除了整個換掉以外，考慮用其他的方法比較實際。

Q 住的地方是用租的公寓。可以貼上喜歡的壁紙嗎？

A 若是租屋處，請先跟房東商量看看吧。

△

只要得到房東的同意就可以了。可以，要剝除再重新貼上非常麻煩。試試看用可以貼在原有的壁紙上，且可以剝除的壁紙，以及壁紙用的黏膠。也推薦能輕鬆改變印象的壁貼。

Q 因為跟氛圍不合，可以把拉門拆掉嗎？

A 因為拆掉跟裝回去都很簡單，拆掉也沒關係。

○

將兩個房間合而為一，或是將壁櫥變成開放式等，想改變空間印象，把拉門拆除是相當有效的方法。但是拉門的紙相當容易破掉，要小心保管。

Q 想將燈具換成吊燈，可以嗎？

A 如果是吸頂燈，就能自由換裝。

○

裝設燈具的部分是吸頂式的話，能自由換裝成吊燈或是裝上軌道變成間接照明，能自由換裝。如果是用租的房子，不要忘記小心保管原本的燈具。

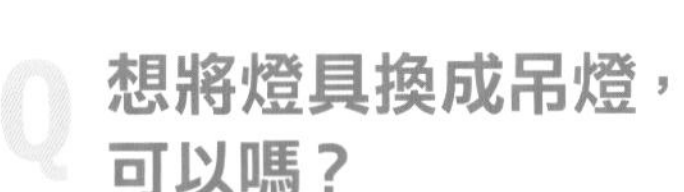

能做到什麼地步？有什麼好的辦法？
收集了為了能更開心享受改造的重點。
來看看能恢復原狀的推薦素材吧！

「恢復原狀」是什麼意思？

**就是恢復到
剛租下來時原本的樣子**

要從租屋處退租的時候，
將房間恢復到剛租下來時
的樣子叫做「恢復原狀」，
通常租屋人都有這個義務。
不同物件有不同的範圍，
進行改造前一定要先確認。

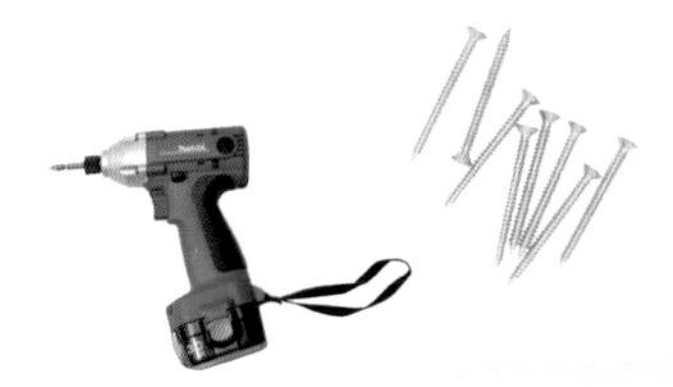

Q 可以在牆壁上裝設擺飾架嗎？

A 如果會用到圖釘跟錨栓可能會比較困難。

特別是在租屋處的牆壁留下痕跡的話就更不行，活用了伸縮棒的架子，或是很小的孔也可以裝設的架子等一些便利的素材吧。也要注意耐重度。

△

Q 可以在廚房的桌面上貼上磁磚進行改造嗎？

A 如果是用覆蓋的就可以改造。

雖然不可以直接貼上去，但如果是用貼了磁磚的三合板覆蓋，並用可剝除的雙面膠固定的話就可以。用這個方法就可以進行各種改造。要小心爐子周圍。

○

Q 可以換掉窗簾軌道嗎？

A 基本上只要使用同一個螺絲孔就可以。

改裝的時候選用符合螺絲孔的螺絲，考慮到牆壁的耐重度，選用比原本的窗簾軌道還輕的比較安心。想要改變印象的時候，用組成L型的木板將窗簾軌道遮起來也不錯。如果做得很堅固，還可以用來當作架子。

○

Q 可以將租屋處的玻璃換成仿舊風的嗎？

A 很遺憾，如果是用租的就不能換掉玻璃。

想要將租屋處的玻璃窗換掉幾乎是不可能的。即使是自己的家，要找到相同尺寸的仿舊風玻璃也相當困難。事後可以剝除的玻璃貼片有相當多種種類，試著利用看看吧。

×

Q 想將廁所的地板改成更明亮的色調

A 注意黏貼的方法，改造地板是可行的。

為了之後可以卸除，活用可剝除的雙面膠帶或是吸附式膠帶，就可以進行改造。市面售有能防水又有各種花紋的地板貼，選擇自己所喜愛的吧。

Q 想要把榻榻米房間換成木頭地板……。

A 要改裝相當困難，並不推薦。

相當有重量的榻榻米不僅作業麻煩，卸除下來的榻榻米的保管地方也令人傷腦筋。試試看不用剝除，而是在上面覆蓋木紋地毯或是木頭貼片吧。無論是哪種都價格便宜，又有木頭地板的氛圍。

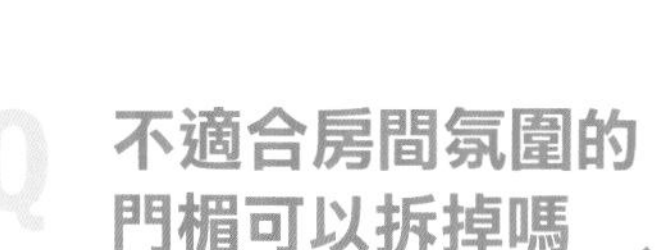

Q 想要將水龍頭的把手換成陶器的可以嗎？

A 如果只有把手部分就可能可以改裝。

改裝水龍頭需要專門的工具以及技術，是個相當困難的作業，但是如果是只要用轉的就可以卸除的把手的話就很簡單。不需要將水龍頭的總開關關掉。確認好尺寸，選擇自己喜歡的吧。

Q 不適合房間氛圍的門楣可以拆掉嗎

A 很遺憾，門楣是不可以拆掉的。

如果有門楣的話，總是會有種和室房的感覺，但還是不可以拆掉。如果很在意的話，可以用布或是木板、紙膠帶遮起來。但是膠帶要記得選用不會留下殘膠的類型。

Q 廚房裡單調的金屬架，可以拆掉嗎？

A 最好避免拆掉。

要找到能利用原本螺絲孔的架子相當困難，不建議換裝。建議使用能剝除的雙面膠貼上木板做改造，能將氛圍煥然一新。

「改造時」真的會遇到的危機

從改造時的危機，跟恢復原狀時的危機，介紹各種實例！
為了不要失敗，請務必先列入參考。

撕除博士膜時
塗料竟然一起被剝下來了

討厭踢腳板的顏色，就用博士膜遮起來。但因為太黏了，撕除時將塗料整個剝除了。天哪。（MT小姐）

重裝了好幾次層架
牆壁上千瘡百孔

不知道石膏板的意義，無視其強度設置了層架。掉了就又裝在別處，重複好幾次，牆壁上都是洞。（AY小姐）

超過耐重度，
在牆壁上留下了一個大洞（哭）

明明在租屋處也可以用的螺絲釘，但太大意掛了太重的東西，連同牆壁一起剝落了。退租時賠了10萬圓。（JM小姐）

不小心連陽台
都塗裝了

明明有鋪好報紙再塗裝，回過神來連陽台都塗裝了。沒算到噴霧式油漆會如此噴散。（AY小姐）

不可以太相信
紙膠帶

將壁紙用紙膠帶＋雙面膠貼上，紙膠帶卻比想像中的還要黏，撕除時會將原本的壁紙一起撕下來。

（RY小姐）

關鍵字是英文字・鐵製品・黑色

輕鬆改造
個性風室內設計

將家具與雜貨變得更帥氣的加工方式
關鍵字是「英文字」、「鐵製品」、以及「黑色」
介紹 6 位實踐了個性風改造，
將空間巧妙地融入一點帥氣的時髦點子。

Bitter Style Remake

MEN'S LIKE

IRON
鐵製品

使用鐵製的架子、桌子、椅子等，更增添帥氣感。

BLACK
黑色

以黑板塗料塗抹門與木板，增添黑色的雜貨，將空間凝聚在一起。

FONT
英文字

做點熱門的巴士路線號誌，掛在牆壁上或門上裝飾，打造個性的房間。

塗料

調整白色、黑色、咖啡色的份量 在自然風的空間中加點帥氣感

廚房吧檯下貼上薄木板，營造出木板牆風格。收納部分則是貼壁紙，抽油煙機以自黏壁紙改造成純白色。

上了漸層的家具與雜貨有演出「仿舊氛圍」的效果。有時也會將茶色的蠟調進黑板塗料中使用。因為對顏色有所執著，完成了整體展示上帶有帥氣感的自然風空間。

Case 01

Memo 瀧本真奈美小姐の訣竅

- 以茶色漸層打造古董風
- 將床罩運用在櫃子上
- 活用超值素材

手作家具與雜貨
將顏色與素材感統一成倉庫風

COFFEE WAS INTRODU ED TO BRAZIL BY
LT COL FRANCISCO DE MELO
PALHETA WHO SMUGGLED SEEDS,

「咖啡色」是放在黑色×白色間的中間色，達到平衡房間色調的效果

瀧本小姐每個月都會變換一些裝飾。「因為喜歡仿舊風雜貨，我們家收集了好多，也用雜貨裝飾來改造空間，漸漸地自己也開始做家具跟雜貨了。」

最近除了展示雜貨，為了要將作業中的東西藏起來，便親手做了廚房的工作台。將組合成 L 字的木板塗上深色胡桃木的 WATCO Oil，添加穩重的風格。

「我很在意顏色的平衡感。雖然有白色、黑色、茶色三個顏色，茶色的用處是放在白色跟黑色間的中間色。在上茶色塗漆的時候，會注意上出漸層，讓全體的色調自然調和。DIY 塗漆時可以隨興地調和漸層度，令人開心。」

吧檯的工作台的高度，巧妙地將菜瓜布等工具，或是正在處理的雜物藏了起來。客廳那一側則是展示著咖啡用品組合。

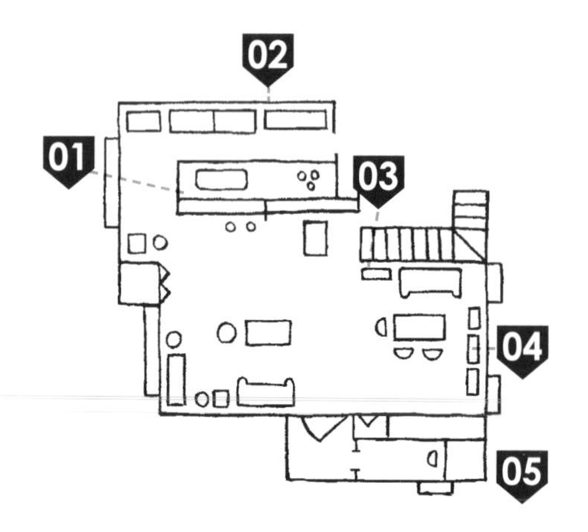

瀧本小姐的 REMAKE Q&A

問 改造資歷有多久？

答 2 年。

問 推薦的素材店？

答 壁紙與地板貼皮種類豐富的「壁紙屋本舖」。

問 推薦的材料？

答 能做出老舊風的 BRIWAX。

espresso £1·50
coffee £1·25
mocha late £1·50
honey late £1·50
cappccino £2·25
cafe au lait £1·50
cocoa £2·25
apple tea £1·75
chai £2·50
SOUP of the day £3·00
Fajitas £4·95
HOT paninis £3·50
SALADS £3·90
cous cous £3·90
hummus Olives
& Pitta bread £3·0
OPEN 10:00
CLOSE 19:00
+ CAFE
THE COFFEE HOUSE
HAVE
GREEN
ANTIQUES
COLLECTORS ITEMS
KITCHENWARE
LINEN
OPEN
Bloom
the physical or mental effort or activity
directed toward the production or
accomplishment of something: LABOR
employment: JOB; the means by which
one earns one's livelihood.

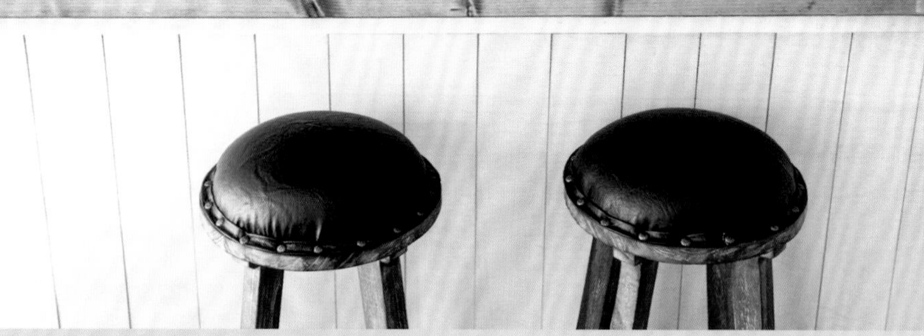

廚房

01 利用黑色與咖啡色營造強烈對比

擺了兩張皮革製的凳子，便有種咖啡店的氛圍。黑色與咖啡色，跟塗了深色胡桃木的 WATCO Oil 的吧檯很合，形成一個帥氣的區域。

02 在自然色的木箱上以蠟著色帶出深度

從「Seria」買來的木箱上塗上 BRIWAX，做出古董風格。裝有廚房用品瓶子，也貼上「Seria」的茶色標籤貼紙，隨興地搭配顏色。

03 將櫥櫃的門板拿掉改造成擺飾收納

將裝在櫃子內側的蝶狀鉸鏈以十字螺絲起子拆卸，拿掉門板。因為從客廳看得到，所以就用一些可愛的雜貨裝飾了一下。上層用伸縮棒跟咖啡簾遮蓋。

用在「大創」購入的五片木板，拼裝成能架在沙發椅背上的小層架。最後隨意塗上 BRIWAX 著色。

04

4 個小相框打造窗邊感

用雙面膠將 4 個在「Seria」購入的小相框黏在一起，再以 BRIWAX 塗裝整體。正中間再裝上兩個黑色的把手，看起來就像在窗邊一樣，相當有趣的擺飾。

黑色吊燈
點綴在白牆上

全黑的吊燈。「純白的牆加上黑色的框線，更簡潔俐落的感覺，我很喜歡。」

THE INTRODUCTION OF COFFEE
TO THE AMERICAS WAS EFFECTED
BY GABRIEL DES CLIEUX
16
INCLUDING

鞋櫃上迎賓用的擺飾空間。收集乾燥花與看板、舊報紙等有韻味的東西，均衡地排列。

擺飾老舊、有韻味的雜貨。特別喜歡左下的杯子與茶杯碟。「因為很有溫度，在秋冬時更是常用。」

05

為了增加白色的比例在抽屜門上塗白漆

原本是焦褐色的櫃子。把抽屜門塗上白漆，拆下原本的把手，換上在「大創」的樹枝風把手。右下角用英文字壁貼裝飾。

舊木材風地板貼皮改造儲藏間的層板

將「壁紙屋本舖」的舊木材風地板貼皮裁成層板的大小，包覆層板，用雙面膠帶貼住。

工作空間

材料本色

將木頭、鐵製品、不鏽鋼等發揮素材本來的顏色

擺在客廳的木製抽屜櫃，裝上鐵把手後不會透過孔縫看見裡面的物品，實現帥氣的感覺

Case 02

Memo YOOKO小姐の訣竅

- ☑運用鐵製素材
- ☑活用木頭原色
- ☑樸實簡潔的設計

用改造的創意點子
一步步實現時髦收納空間

YOOKO 小姐在拍攝房間照片的時候，漸漸地想要拍得更帥氣，對室內裝飾的執著也越來越多。雖然想要隨意擺放日用品，但看到照片時還是很在意生活感，每當有這個念頭的時候，便會努力下工夫，更時髦地使用日用品，好放在想要放的地方。

開始 DIY 或改造也是因為這個原因。雖然為了活用死角，便在吧檯上做了層架，下面則是能剛好放在收納櫃與吧檯桌板之間空隙的抽屜櫃，能輕鬆拿取想要用的東西，相當便利。但因為是開放架所以擺在上面的東西很顯眼，抽屜的把手孔會看到裡面的東西等，在意的點也越來越多。便將尺寸剛好的市售十字隔熱墊當作隔板裝在開放架上，抽屜則是裝上鐵製的把手。與巴士道路標誌等帥氣的雜貨相當搭配，成為室內裝飾的重點之一。

01 不僅有潔淨感，也仔細配置過東西擺放位置，很有機能性的廚房。從這裡眺望的景色是 YOOKO 小姐的最愛。

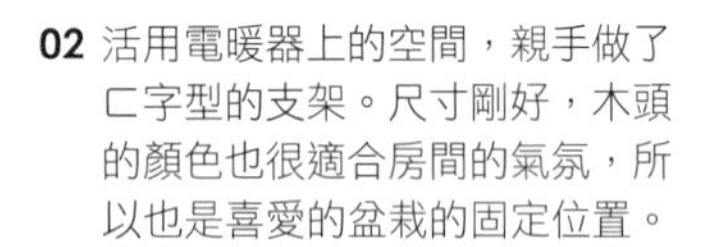

02 活用電暖器上的空間，親手做了ㄈ字型的支架。尺寸剛好，木頭的顏色也很適合房間的氣氛，所以也是喜愛的盆栽的固定位置。

YOOKO 小姐的 REMAKE Q&A

問 改造資歷有多久？

答 約 16 年。

問 推薦的素材店？

答 網路商店「ERECTA Style」。

問 喜歡的材料與道具？

答 不鏽鋼桿、鐵製品。

客廳

01 在廚房吧檯上裝上層板

在裁切好的木材上塗上木器著色劑，用螺絲固定廚房吧檯的木製托架，架起層板。隔板則是用 L 型五金與螺絲固定。

02 用鐵製的把手遮住把手孔

喜歡簡單設計的木製抽屜櫃。找到與把手孔同樣尺寸的把手並用螺絲固定。黑色的鐵製品發揮作用，變身帥氣的空

03 咖啡用具與廚房道具等，YOOKO 小姐都喜歡用業務用的、設計樸實的東西。用喜歡的道具泡咖啡，享受悠閒的時光。計。

廚房

追求機能美的儲藏室的收納家具。因為喜歡微波爐的設計，雖然壞了也活用當作食品庫。

03 鐵網籃貼上紅茶標籤

儲藏室中收納食品的鐵網籃。用有設計感的紅茶包裝，像是標籤一般從內側貼上，改造成可愛的模樣。

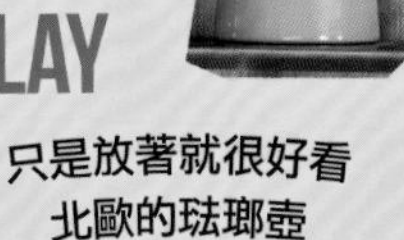

只是放著就很好看北歐的琺瑯壺

只是擺著看了就有精神，最喜歡的復古北歐茶壺。顏色也很豐富，也是不可或缺的擺飾。

突顯重點

親手加工房間跟家具 全用木色及黑色為局部重點

開放式廚房的吧檯也貼上木板，擺上棧板遮罩。內部的開放架則排放多彩的鍋子，加強視覺重點。

Case 03

Memo 山本瑠實小姐の訣竅

- ☑不同區域配置不同的牆面
- ☑用數字與英文字加強視覺
- ☑復古風塗漆

IF YOU
CAN'T STAY
TAKE ME
AWAY
SPECIALS
TELEPHONE
HERE
HAVE A
GOOD TIME
GEOGRAPH &
QUEEN

目標是不買新品
也能天天進行改造的計畫

山本小姐最喜歡室內裝飾隨時都能符合當時心情的房間。為了不用添買新品就能打造出喜愛的空間，自然而然練就成改造的技術。

現在最受注目的男孩風裝潢，在牆壁上貼上三合板，或是將家具改造成復古風，一邊想著「這樣說不定不錯」將點子一一實現。有想要的雜貨會先自己試著做做看。山本小姐想到引人注目的巴士道路標誌可以用大紙影印，便自己用電腦收集英文字型，完成了價格合理的自信作。

山本小姐不僅有格調，也相當重視機能性，家人的反應也是改造的契機之一。有門的衣櫃，裡面總是亂糟糟的，於是心一橫地將門拆除後，孩子們似乎就會動手整理了。覺得進行得不太順利的時候，就重新審視收納與房間的狀態，並加以改裝，就能輕鬆改變習慣。這個發現也是改造之中獲得的智慧。

最喜歡做布製小物與甜點等，DIY 以外的手作也相當擅長。甜點的盛盤會考慮到與食器或托盤間的平衡，熱衷於搭配。

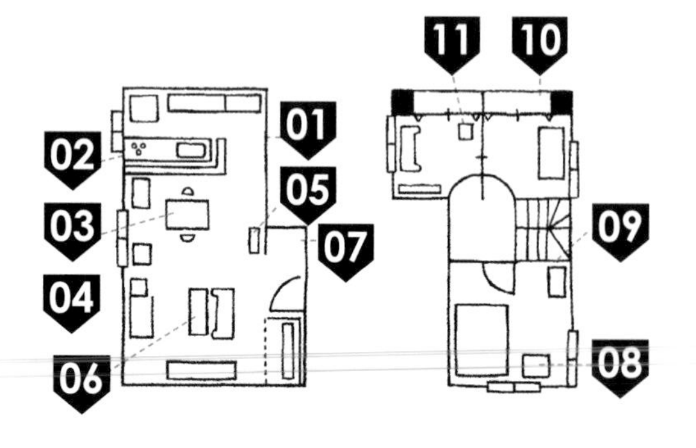

山本小姐的 REMAKE Q&A

問 改造資歷有多久？

答 4 年。

問 推薦的素材店？

答 兵庫 西宮市的「みどり 貨屋」。

問 喜歡的材料與道具？

答 乳膠漆、壁紙。

IS FULL OF MUSIC SO YOU OUGHT
ADISON
LUMBUS
STERDAM
ENOX
PARK
SECOND
AVE
AMALIA RODRIGUES

客廳

01 牆壁釘上三合板裝設紅酒箱

將三合板用釘子固定在廚房的牆壁上，將紅酒箱保持平衡分直橫向直接用螺絲裝設在牆上。三合板不分正反面隨機固定，展現粗獷的風格。

02 爐子周圍的牆壁配置兩種類的壁紙

比起塗漆或裝木板，在小空間用簡單的壁紙更方便。將木板風與紅酒箱風等兩種壁紙，用紙膠帶與雙面膠黏貼，簡單改造。優點在於髒掉了的話，撕除即可。

03 將衣櫃的門拆掉改裝成開放式

設置在客廳的衣櫃，作為孩子們掛書包與外套的地方，將門拆除，並用塗漆改造。內部用紅酒箱風的壁紙，添加帥氣風格。

※ 開放式衣櫃的做法刊載在 P141。

04 活用墨水轉印使用熨斗便有理想的成品

用雷射印表機列印標誌與圖案，直接轉印在木材上，活用墨水轉印。通常要將墨水溶解需要用去光水，但利用熨斗就能有理想的成品了。

07 使用多年的家具活用其味道改造

拆卸收納櫃下層的抽屜，重新配置。做了氣窗風的門，並用鉸鏈固定，並在各處削點傷痕，打造仿舊風。

05 利用既有的桌子更增添溫度

將「IKEA」的桌子的桌板卸除，使用 SPF，變得更有溫度的氛圍。享用手工做的蛋糕＆咖啡時光更愉快了。

06 舊物商店的桌子時髦變身

將邊桌的桌板，貼上與臥房同樣花紋的鋪墊。在紙膠帶上重疊貼上雙面膠帶的話，就能簡單撕除。

My FAVORITE DISPLAY

用碎料簡單完成改造花盆

將盆栽擺設在房間時便會對花盆相當講究，用空罐與碎料便能享受稍作加工的樂趣。

08 在自然色的木箱上以蠟著色帶出深度

從「Seria」買來的木箱上塗上BRIWAX，做出古董風格。裝有廚房用品瓶子，也貼上「Seria」的茶色標籤貼紙，隨興地搭配顏色

10 僅一面牆貼上印刷壁紙演出女孩風

為了在簡單色調的臥房能添加點變化，只有一面牆使用了「壁紙屋本舖」的印刷壁紙。在廣大的牆面貼上壁紙時，因印象容易改變，須先確認實品。

09 將「Seria」的盒子改造成小巧可愛的收納架

將 9 個「Seria」的盒子用接著劑黏接，頂板貼上容易切割的麻六甲板材，再加上標籤即完成。為工作所打造，整理桌面時相當方便的零件盒。

加入手作雜貨以及英文字讓室內裝飾更有味道

12 用收納櫃製作讓孩子們方便使用的衣櫃

將 4 層的收納櫃排成 L 型，塗裝三合板做的門，並裝上把手，用鉸鏈固定於三合櫃。上板與側用螺絲固定，再加上伸縮棒，便完成大型衣櫃。

11 空紙箱製成的繽紛玩具推車

看著在「Costco」買零食拿到的紙箱越堆越多，而想到點子的收納推車。只要在箱子的四角用接著劑黏上木材即可。紙箱相當穩固，拿來裝玩具剛剛好。

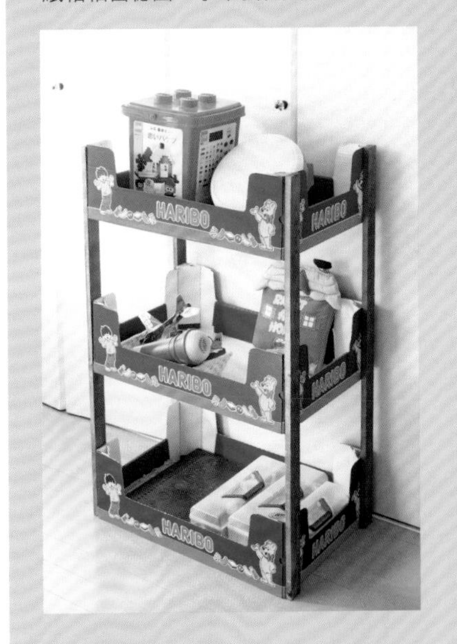

黑色帥氣

塗上英文字的黑色牆壁 將空間俐落凝聚帥氣 LOFT 風室內裝飾

三合板塗上沒有光澤的水性黑漆，釘裝在牆上。印刷英文字做成紙型，用繪畫工具寫上文字增加視覺重點。

Case 04

Memo 橫川愛小姐の訣竅

- ☑木頭用木器著色劑刷舊
- ☑以英文字加深印象
- ☑用黑色雜貨點綴

PENNSIDE
STONY CREEK
CARSONIA
PENNA STATION
19TH ST. &
PERKIOMEN AV.
<<KITCHEN
DINING>>
federal
QUARTZ
THE COPY CAT
THE COPY CAT

黑色＋火烤焦色的仿舊風
塗漆更有味道

橫川小姐家的黑色牆壁令人印象深刻。打開門立刻印入眼簾的就是廚房吧檯的黑色木板牆壁。「想要增加黑色的比例就裝上去了。白色抽油煙機也為了看起來像生鏽的鐵板一樣，也裝上了隨意地塗上紅、黃跟茶色，再點上黑色的木板，營照出倉庫風的印象。」

不只改裝，橫川小姐也很熱衷於改造雜貨。廚房牆面上的架子排列著調味料的瓶子，蓋子全是黑色的。「將空罐子的蓋子全都用火烤過，做出老舊的氛圍，並用壓克力顏料裝飾。拿來裝海綿的壺也塗成黑色的。將色調統一後，即使東西很多，看起來也很清爽。」

餐桌上常擺的餐具跟調味料，用剩餘材料做成的精美木箱收納。將剩餘材料用鐵錘敲打打造仿舊感，再裝上角碼。

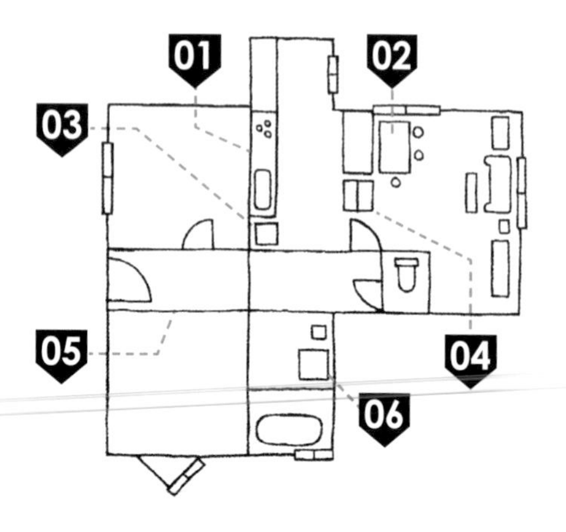

橫川小姐的 REMAKE Q&A

問 改造資歷有多久？

答 9 年。

問 推薦的素材？

答 豪放風的桁條。

問 喜歡的材料？

答 在海邊撿到的流木等自然素材。

黑色與茶色的沉穩客廳
用手作的垂飾添加清爽感

01 畫框巧妙地遮蓋洗碗機

原本就裝有金屬網的畫框。木框部分用 WATCO Oil 做出仿舊風格，後面則用雙面膠帶黏上塗有無光澤水性黑色塗漆的三合板。

02 將空罐子的蓋子經由火烤統一成黑色

裝有調味料的罐子的瓶蓋，用火烤除去烤漆，改造成黑色。排放瓶子的層架是用混凝土板與 L 型五金做成的，斷面裝上了舊尺規。

03 簾布 + 黑色英文字 = 新氣象隔板

準備能放在桌腳的木板，用角材固定於桌腳內側各兩處，並小心木板不會脫落。放上收納櫃，用強力雙面膠帶將印有英文模板字的布貼在桌板的背側，當作隔板。

04 利用壓克力顏料與 WATCO Oil 做出仿舊風

放置小瓶子的馬口鐵罐頭蓋，用海綿調整輕重，擦上黑色壓克力顏料。架子則用鐵鎚做出傷痕，塗上 WATCO Oil。

善用改造以及 DIY 素材的結果，以前是簡單自然風格的房間，現在則變身成充滿帥氣男人味的自然風。各處都加上了黑 × 白模板字強調風格。

玄關

05 鋼製吊桿以塗裝改造成鐵製風

「IKEA」的鋼製吊桿以噴漆塗黑，用螺絲與木板釘合，並固定在牆上。掛桿上用的 S 型掛鉤，用鉗子固定住就不容易脫落。

衛浴

06 將貼紙狀的防水布做成標籤

洗衣機上的架子並列著洗潔精的瓶子。防水布上印有內容物與使用量的標籤，貼在半透明的容器上。白 X 黑統一包裝的色調，日用品也可以很時髦。

My FAVORITE DISPLAY

隨性的流木和松果當作雜貨裝飾

走廊的架子上是擺飾空間。有仿舊風格的樹枝跟鐵框，意外的很適合。

洗衣精與柔軟劑等，有各式各樣大小跟形狀都不同的包裝，都移裝到瑞士軍用塑膠罐中使用。

回收素材

貼上木板、剝除塗裝就能簡單變身！賦了就回收再利用，便宜又好看

把舊的暖桌上面加了桌板，桌腳安裝輪子，可以隨意移動的方便性，也很方便打掃。

Case 05

Memo watco小姐の訣竅

- ☑徹底活用身邊的素材
- ☑先生也能接受的帥氣風格
- ☑能重做的簡單構造

UCT OF NICARAGUA
OP: 2011 /2012
345 12019

身邊的素材再利用
享受量身訂做的樂趣

信念是「有想要的東西，就先自己試著做看看」的 watco 小姐的家，四處是自己加工的家具與雜貨。每個都有種倉庫風的帥氣感。要打造出自己的風格，「簡單」似乎是訣竅。例如用蘋果箱或是百圓商店的既成品加工，電視櫃或在牆壁用雙面膠黏上木板……。

「室內裝飾的喜好，會隨著時間改變。因為想要配合喜好為自己量身打造，改造與 DIY 是唯一的近路。」

還有一個堅持是，將使用過的材料再利用。膩了或是想要改變印象的時候，就分解做成新的樣子。所以比起昂貴的材料，最好選用身邊壞了也不會在意的材料。

「如果現在的風格不符喜好，就用塗漆或是壁紙變身就好。能有這樣輕鬆的想法，也是改造與 DIY 的魅力。」

沙發上裝了手工做的架子。用各種油與著色劑隨意上色，重點是看起來像馬賽克。用烏克麗麗與數字牌裝飾更有趣。

01 回收利用蘋果箱做成兒童桌

加工蘋果箱，製作孩子專用的桌子。加上把手，放上桌板，將一部分利用為擺飾區。書架則是利用剩餘材料，裝飾喜歡的書。兒童桌的做法刊載在 P160。

客廳

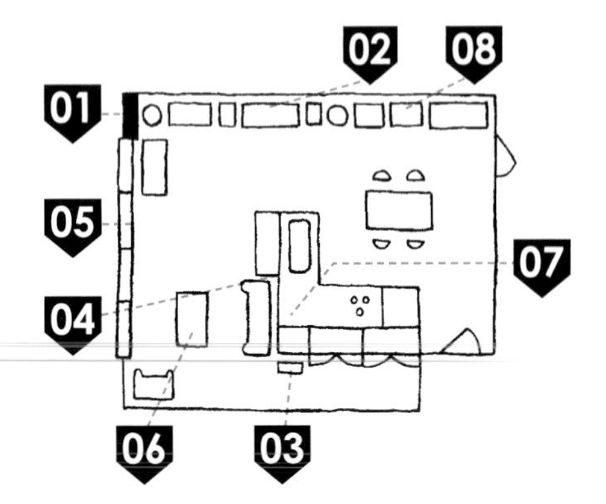

watco 小姐的 REMAKE Q&A

問 改造資歷有多久？

答 約 3 年。

問 推薦的素材店？

答 也有網路商店的「壁紙屋本舗」。

問 喜歡的材料與道具？

答 木板貼、剩餘材料、百圓商品。

02 黑色收納櫃變成書架再利用

想要拿喜歡的雜誌做裝飾，便改造了黑色的收納櫃。改變背板的高度，稍作加工就能更方便地取出書本。最後塗上木器著色劑，與其他家具的顏色統一。

03 窗戶上方貼上木板做成木板牆

想換掉窗戶上十字紋的牆壁，便用少量的圖釘與強力雙面膠貼上木板。要將全部的牆面換掉可能有點困難，但只用一部分的話就能輕鬆加點變化。

04 在柱子上貼上木板以照明與植物讓印象煥然一新

不喜歡質感單調的表面，從吧檯到桌面都貼上了木板，改變印象。裝上了照明與植物，變成更沉穩的空間。

05 利用暖桌做成餐桌

餐桌是在暖桌上加上桌板，並裝上輪子，讓打掃時更方便。黑色的燈與沙發更加深視覺重點。

廚房

06 塗漆保存罐與托盤的樣子統一

將百圓商店購入的保存罐塗成黑色，貼上塗了著色劑的泡棉。托盤則是用塗了木器著色劑的剩餘材料拼成馬賽克狀。便宜小物與剩餘材料是改造的好夥伴。

馬賽克托盤的做法刊載在 P142。

FAVORITE DISPLAY

在各處裝飾多肉植物與仙人掌

空間中不可或缺的就是多肉植物與仙人掌等盆栽。裝飾不會太柔弱的植物，很像 watco 小姐的風格。

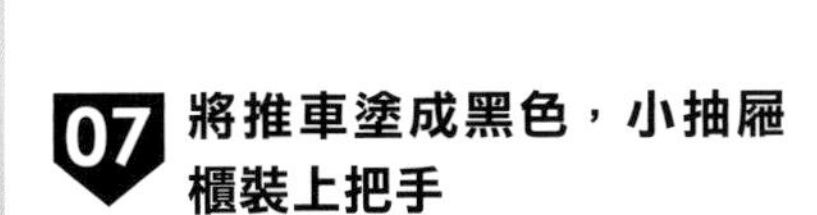

07 將推車塗成黑色，小抽屜櫃裝上把手

腳塗成黑色的層架，與電話旁裝上把手的小抽屜櫃，是剛開始改造的時候做的。

異素材MIX

木頭＋不同素材的組合
完成男人味十足的帥氣客廳

百元商店的不鏽鋼盆也能變身遮光罩?!改造秘訣就是鹽水＋瓦斯爐過火，得到獨一無二的復古風物件。

Case 06

Memo 清水TOMOMI小姐の訣竅

- ☑塗漆要用天然塗料
- ☑活用百圓商店！
- ☑組合鐵與木材！

UNIVERSAL
ANONYMOUS

使用自然塗料＋百元商品
完成健康的房間裝潢

不鏽鋼盆的遮光罩與復古風的兒童椅等，房間內有許多想令人模仿的素材。結婚後開始改造與 DIY 的 TOMOMI 小姐，房間的佈置以「盡可能不要花錢，想要轉變時也可以輕鬆改變」的前提為主。

改造與 DIY 時使用的，是在百圓商店與日用品店發現的平易近人的便宜素材。新的素材用塗漆或改造加工，使之能融入裝潢內。為了小孩，也堅持使用對身體較無傷害的天然塗料。為了家人能安心使用，設想相當周到。

設計出能輕鬆改變模樣且附有輪子的家具的是 TOMOMI 小姐，負責組裝的則是先生。「因為我做東西很草率（笑），所以想要堅固的家具時，就會請先生幫忙」。

能符合自己喜好改造是 DIY 的樂趣。TOMOMI 小姐說今後也會一點一滴讓房間更進化。

整理得相當清爽的廚房。收納力十足的辦公用鐵櫃和「無印良品」的鐵盒巧妙地蓋掉生活感。

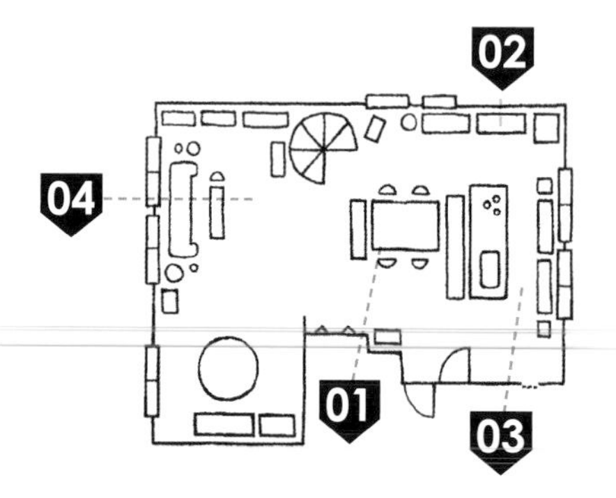

清水小姐的 REMAKE Q&A

問 改造資歷有多久？

答 13 年。

問 推薦的素材店？

答 百圓商店、日用品店。

問 喜歡的材料與道具？

答 鐵與木頭的組合、小輪子。

餐廳

01 拋光＆塗漆 讓室內裝飾更有味道

「IKEA」的餐桌加上暖桌的桌板。利用拋光機削磨表面，再塗上 WATCO Oil，就能將和風的氛圍去除。

先生做的，附有輪子的印表機架。「Costco」的空箱中收納著列印紙跟墨水，代替抽屜。

03 總材料費 100 日圓！？的復古風遮光罩

百圓商店購入的不鏽鋼盆上鑽洞，改造成遮光罩。塗上鹽水後用瓦斯爐過火，就能做出用很久的感覺。

玄關邊展示收納大量的帽子。將塗有木器著色劑的木板靠在牆上，木框用螺絲固定。

02 用黑字標籤將收納箱時髦改造

在吊櫃上利用「Costco」拿到的空箱與文件盒整理，感覺相當清爽。從百圓商店購入的一樣的盒子貼上黑色的英文字標籤，讓外觀看起來也很時髦。

客廳

牆上的 L 型拖架僅用螺絲固定，放上木板變成簡單的擺飾架。陳列著小型綠色植物與民俗風貨。

04 善用壁面空間

沙發旁邊的壁面設置手作的薄型書架。橫板上挖孔穿上鐵棒，讓書不會倒下。

統合成無國籍風格的榻榻米室。先生做的電視架為了方便移動，也加上了小輪子。

05 便宜的兒童椅加以塗漆時髦變身

兒童椅的架子以自然塗料「乳膠漆（Buttermilk Paint）」塗裝後，再用黑色跟茶色的壓克力顏料做出髒污感。塗了 WATCO Oil 的木板黏在架上作為座墊。

My FAVORITE DISPLAY

舊提箱
收納桌遊

保麗龍的發泡磚上擺放木板，搭成簡單的架子。提箱內裝的是小孩子的桌遊。

英文字×小家具×模板字× DIY ×鐵製品 etc.

部落客們的改造訣竅

簡單又絕對有品味！介紹部落客們傳授的改造技術。

Blogger's Remake Hint

Pick Up Material I

英文字 & No.

稍微下個工夫就很時髦

小小的英文字跟數字是改造的強大夥伴。只要用一個就能讓空間凝聚感，相當有效果。

MSHS

「3coins」的木製英文字用顏料塗色。沾了許多顏色後再塗上黑色，就能做出仿舊風。／ MATSU 小姐

01 用棒狀的剩餘材料裁切，再組裝成英文字即可。塗成黑色裝飾在白牆壁上。做得稍大，像是店面一般的帥氣感。／ MATSU 小姐

02 輕巧又容易裝飾在牆上的保麗龍字母。選擇喜歡的字母，搭配室內裝飾，讓空間變得更時髦。／ suzy 小姐

02

01

03 形狀令人印象深刻的 & 素材上，釘上鉚釘風的圖釘，再漆上黑色。裝飾在牆上也可以，也可以作為書擋使用。／ suzy 小姐

04 用模板字標上號碼的盆栽，是噴霧劑的蓋子。因為很喜歡這個大小，用顏料塗了兩次回收再利用。數字塗在正面使之更顯眼。／ M224 小姐

05 像“NEST”一樣，貼上一個英文單字，大膽地變換風格。將較粗的保麗龍字母塗黑，相當有存在感。／ M224 小姐

+ How to make +

將木製板塗黑後晾乾，漆上兩位數或三位數的數字模板字。再將木板周圍用銼刀刨削，將漆去除，打造出仿舊風。

木製板上隨機漆上數字的模板字。隨意陳列在架上或牆上的擺飾上，更加強了仿舊風。／ chiko 小姐

Pick Up Material 2

鐵製品&五金

只要加上就有成熟氛圍

能演出細緻度的鐵製品與五金類。可以裝到家具上，也可以讓雜貨更有味道，相當方便的素材。

「3coins」購入的網籃改造成燈罩。纏繞上假樹葉，充滿個性的設計。／mocomocomuuu 小姐

鐵架漆成黑色，再架上塗成古木材風的木板，變得更好用。仿舊風最適合擺飾多肉植物。／chiko 小姐

塑膠收納盒加上自製的標籤以及五金把手。整體擦上褐色顏料，打造仿舊風。／chiko 小姐

小抽屜櫃的把手換成懷舊風的五金。形狀相當可愛的五金，竟然可以在百圓商店購得。整體也以黑色塗漆改裝。／maa 小姐

將百圓商店購入的鐵桿改造成廁所的衛生紙架。木製的固定扣貼上標籤，添加視覺重點。餐巾紙也可以這麼做。／chiko 小姐

選擇豪爽的鐵製掛勾，加上木製掛桿上。掛勾原本就充滿存在感，不管是掛包包還是擺飾雜貨都非常適合。／ chiko 小姐

「IKEA」的銀色鐵製支架。直接用的話無法融入室內裝飾，便漆成黑色的。更加上了棚板改造一番。／ maa 小姐

REMAKE CAN 改造瓶罐

不管是什麼瓶罐 都能簡單改造！

+How to make+

將罐頭的蓋子打開到最大，但不要取下，清洗乾淨，用去光澤的噴霧塗裝後，再黏上自己做的標籤紙便大功告成。／ chiko 小姐

能輕鬆嘗試的鐵罐改造。本來要丟掉的鐵罐，也能快速回收再利用。／從左開始 maa 小姐、M224 小姐、chiko 小姐。

標籤紙

英文字

麻袋

Pick Up Material 3

回收素材

仿舊風更有質感

棧板、舊木板、廢料等，使用很舊的木板看起來更帥氣。不用買復古家具也可以享受「帥氣的仿舊風」。

用舊的木製箱子。塗上木器著色劑，將兩個箱子用鉸鏈接合，改造成復古風的飾品收納箱。／ chiko 小姐

裡面也設置了鏡子。寬度很夠，是能容納許多小東西的尺寸。為了更容易找東西，釘上圖釘收納飾品。

將冰箱上的路由器用棧板做的盒子藏起來。加上模板字跟掛勾改得更有機能性。仿舊風能中和冰箱的機械感。／ puzzle. 小姐

裡面也設置了鏡子。寬度很夠，是能容納許多小東西的尺寸。為了更容易找東西，釘上圖釘收納飾品。／ puzzle. 小姐

塗上顏色的廢木材，直接作為空氣植物的架子。空氣植物用鐵線固定，植物名則用標籤機印製。／ puzzle. 小姐

只在桌上放上棧板便完成改造。沉甸甸的棧板使用起來相當舒適，老舊的感覺也很有溫度。／maa 小姐

多餘的棧板材料上，拼貼上五金等素材，變成裝飾。雖然簡單就能做成，外觀可是正宗復古風。／nego 小姐

請先生貼上木板的廚房隔板。只有木板的話很煞風景，便加上了棧板做成簡單的架子，收納廚房雜貨也很時髦。／maa 小姐

REMAKE CAN

這種東西也可以回收再利用

布與包包、箱型花籃等，用身邊的東西做時髦的改造。只要稍微加工就可以使之帥氣重生。

+How to make+

素色的紙袋上印上文字變成原創的自製紙袋。能收納雜七雜八的日用品，也能包裝禮物。／M224 小姐

用家裡有很多的麻繩做成的植物架。提手部分僅用擰的就能編織而成，相當簡單。掛在鐵製掛勾上，裝飾玄關。／puzzle. 小姐

用回收來的碎布印製成的改造品。用電腦設計後印刷就完成了。直接拿來裝飾也可以，縫在布上也可以。／M224 小姐

Pick Up Material 4

能恢復原狀的改造訣竅

租屋也能享受！

能剝除的黏膠或是紙膠帶等試看看用能恢復原狀的材料將租屋處改造得更時髦吧！
接著介紹達人們將牆壁與家具改造成自己風格的訣竅。

Case 1

はる小姐
-HARU-

插畫設計師。除改造與製作家具外，也有手工製作巴士道路標誌與雜貨。

☑ 改造資歷20年
☑ 屋齡32年 公寓

http://hal36.blog.fc2.com

黑色椅子與吊燈負責凝聚空間。廚房吊櫃的門，配合手工做的桌子，改成木紋風。

HARU小姐發揮身為插畫家的品味與技術的DIY作品，將空間打造成活用了黑色的帥氣空間。「正是因為屋齡已有32年，就更想改造了」。
老舊感令人在意的廚房吊櫃與衣櫃的門都改成木紋風，煥然一新。擺飾櫃、牆壁、窗框也採用盡量留下傷痕的方法。利用一點訣竅，在退租的時候能修復到原本的模樣，打造能擁有自己風格的住家。

idea.01

老舊吊櫃用自黏壁紙遮罩

裁切比門還大的自黏壁紙，黏在門上，不要讓空氣混入。邊緣用設定成弱風的吹風機，一邊吹熱風一邊拉開，並裁除多餘部分。

配合層板的尺寸，準備麻六甲板材，塗上 WATCO Oil。拆除層板，利用原本的螺絲孔，固定麻六甲板材。

Point

推薦使用看起來很像木材的木紋自黏壁紙。

利用窗戶收納擺飾

配合窗框的尺寸，準備松木板（SPF），塗上 WATCO Oil。組裝後與層板黏接，鑲入窗框即完成。

idea.03

白色收納櫃的門改成木紋煥然一新！

將壁紙裁切成比門稍大一點，用紙膠帶先做固定。壁紙背面分成兩半，用可剝除的噴霧膠黏在門上。

Point

拆除層板後，可用油灰填補洞，並用黏膠黏上壁紙，修復傷痕。

idea.04

固定層板用的螺絲孔，用圖釘開小小的洞，像是包圍這個洞一般，在周圍做出裂縫並鑲入壁紙。以錨栓固定石膏板，作為托架。

安川小姐的家，白色牆壁因木質的家具與門窗隔扇變得更有溫度。為了配合很有味道的木紋家具，固定式的廚房吧檯也稍作加工，打造出有統一性的自然風空間。「單調的固定式收納櫃或門窗，裝上塗了BRIWAX的木板遮罩，就能令空間變身。」

5mm 厚的杉木層板，配合吧檯裁切，用雙面膠固定在用紙膠帶保護好的桌面。最後用 BRIWAX 塗裝。

idea.01

原有的吧枱用有格調的木層板修飾

Case 2

安川美樹小姐

-MIKI YASUKAWA-

在被森林包圍的中古公寓，享受製作雜貨與大型改造的 DIY 樂趣。

- ☑ 改造資歷6年
- ☑ 屋齡13年・公寓

http://ameblo.jp/chairs39

吊櫃背板部分，貼上塗了白色水性漆的 2.5mm 厚的塑合板（MDF），打造出木板牆風。黏貼時在紙膠帶上再重疊雙面膠，不需要時便可以簡單卸除。

準備與層板同樣大小的棧板，並塗上木器著色劑。5mm 厚的桐木材也同樣塗上著色劑，側面用雙面膠固定。

idea.02

將固定式收納改造成自然風

idea.03

單調的廁所用木頭與磁磚改造

將 5mm 厚的三合板貼在磁磚上，木板的兩側裝上方木，設置成遮蓋水缸的牆壁。上方則是準備了能鑲入洗手台的桌板。打開能裝上水龍頭與線的孔，繩子用膠帶捆在扳手上，拉了就可沖水。底部則放上開了洞的盆子。

Point

繩子的一端用復古風的鑰匙等可愛的雜貨裝飾。

forest小姐將收納架側面改造成黑板的模樣，加上有趣的印象。「背面是貼紙的壁貼，不用槌子或釘子也可以輕鬆挑戰。」寫上今天的菜單或是購物清單。保有玩心的擺飾。

forest 小姐
-FOREST-

販賣手工髮飾的網路商店「（natural cafe + green）」店長。

☑ 改造資歷1年
☑ 屋齡1年・獨棟

http://blog.natucafe.shop-pro.jp

裁切比壁面稍大的黑板貼，用刮板將空氣從中心往外擠出，緊密黏合。裁除多餘部分便完成。

idea.01

用壁貼打造咖啡廳般的廚房

Point

黏貼時若大量空氣進入，請試看看重新填貼。

Case 4

水島華惠小姐
-HANAE MIZUSHIMA-

舉辦工作室與個展、以花為創意主題的飾品作家。

☑ 改造資歷8年
☑ 屋齡18年・公寓

http://h-fleur.com

水島小姐為相當活躍的飾品作家。「手一邊動，各種新點子會跟著改變。而把點子具現的工作，真的非常有趣」單調的牆面加上層架，改造成木板牆風的點子，讓住家變得更時髦。

壁面上下用L型金屬鎖上橫板，再用螺絲固定塗了白漆的SPF。擦上咖啡色的顏料，做出仿舊感。

準備耐水性高的碳化木，與水槽的壁面同樣寬幅，將深與高組合，最後以木器著色劑塗裝。

idea.01 木板牆＋層板 時髦的牆面裝飾

idea.02 用手作木板改造陽台

將10片SPF按相同間隔並排，從背面像是做遮泥板一樣用釘子固定。塗上白漆並乾燥後，用鐵絲固定於扶手上。

Point

繩子的一端用復古風的鑰匙等可愛的雜貨裝飾。

黑坂小姐所改造的是屋齡約40年的住宅中的老廚房。選用清爽的綠色與茶色，讓家族圍坐在餐桌的時光更加愉快。「使用三合板與壁紙，利用不會傷及牆面的改造技巧，看膩了也可以重新改裝。」

黑坂亞紀子小姐
-AKIKO KUROSAKA-

擁有整理收納顧問資格。讓開放式收納能兼具時髦與機能性。

- ☑ 改造資歷6年
- ☑ 屋齡約40年・公寓

http://mymylife.exblog.jp

改變牆面成為廚房的視覺重點

準備與廚房的壁面尺寸吻合的三合板，並漆上淡綠色，插在吊櫃後的隙縫中固定。

在吊櫃的背板上黏貼壁紙。中間使用紙膠帶，在上面再重複貼上雙面膠帶，框架則是貼上茶色的紙膠帶。

小池小姐家的客廳到處裝飾著可愛的雜貨。以白色為基調，打造出適合雜貨的空間。拆除原有的茶色收納門並重做。裝飾架的隔板也塗上白漆再利用。「推薦大家，一開始先從改變顏色開始，進行一點小改造。」

Case 6

小池 SATOMI 小姐

-SATOMI KOIKE-

在自家開設「使用家裡就有的相機拍攝小孩與雜貨技巧」的教室。

- ☑ 改造資歷25年
- ☑ 屋齡27年・公寓

http://ameblo.jp/satomikoike

將廉價感的收納門改造成復古風

idea.01

用衫木板與三合板製作與本來的門相同大小的門。使用原本的鉸鏈，螺絲也裝設在相同位置。

開關也變可愛了！

idea.02

將 10 片 SPF 按相同間隔並排，從背面像是做遮泥板一樣用釘子固定。塗上白漆並乾燥後，用鐵絲固定於扶手上。

準備與隔板一樣寬的層板，塗上白漆。以L型五金固定木板，並用有重量的家具壓住，打造擺飾空間。

idea.03

不用在牆壁上鑿洞的牆架

Point

用茶色的壓克力顏料，做出像是擦傷一般的痕跡，便有復古風格。

黑坂小姐原本相當在意廚房泛黃的牆壁與污垢。最後決定使用能剝除的壁紙與塑膠瓦楞板等，選用了能恢復原狀的改造素材。「磚瓦風的壁面與貼了磁磚的水槽，統一用黑色與白色，就能打造出有清潔感的廚房。」

Case 7

黑坂亞紀子小姐

-AKIKO KUROSAKA-

擁有整理收納顧問資格。讓開放式收納能兼具時髦與機能性。

☑ 改造資歷6年
☑ 屋齡約40年．公寓

http://mymylife.exblog.jp

利用磚瓦風壁紙與黑色磁磚更加帥氣

idea.01

將層板用壁紙包住，用雙面膠固定。柱子則是用紙膠帶與雙面膠重複黏貼，再固定在塗了水性漆的剩餘材料上。

先用無膠型的壁紙裁切成壁面的大小，將紙膠帶與雙面膠重疊黏貼於牆上，再覆蓋上壁紙。

裁切與工作台同樣尺寸的塑膠箱，並用雙面膠與紙膠帶重複黏貼，固定於工作台上。貼上磁磚，掩蓋接縫即完成。

Point

用紙膠帶仔細稍作固定後再進行作業，會更輕鬆！

Okyon小姐說「開始改造的契機是想買亞洲風家具的時候」。本來只是想將抽屜拆除，改成書櫃，進行簡單的改造，「現在會做些內窗，或是改變牆面等，在各處都加了一些工夫，不用花錢也能享受，是DIY的樂趣。」

Case 8

Okyon小姐
-COYUKI-

以「自然倉庫風的咖啡廳空間」為概念，熱衷於改造。

- 改造資歷3年
- 屋齡7年．獨棟住宅

http://littlehome.jugem.jp

作法 P.147

為了讓窗框能鑲入，做了外框與內框，並用鉸鏈固定，用填縫劑將樹脂玻璃從背面接合。鑲入窗框即完成。

idea.01 盥洗室的裝潢也改成自然風

SHOP HOURS
11:30 AM - 10:30 PM (Last Order 9:00 PM)
Lunch Time 11:30 AM - 3:00 PM
Dinner Time 06:00 PM - 10:30 PM
CLOSE
Tuesday And 1st, 3rd Wednesday

idea.02 在隔板上加強重點

配合壁面，組合木框，將塗了黑板塗料的三合板從背面固定，木框的內側則用細螺絲固定於牆上。

使用紙膠帶，在牆上畫出大樹的SAWABU小姐。「只是將紙膠帶用手撕開，貼出形狀而已。不用道具，還能輕鬆撕除」。在牆上裝飾以自然為主題的畫，為北歐風室內裝飾添加視覺重點。

SAWABUMIHO 小姐
-MIHO SAWABU-

曾設計過室內裝飾的書，用紙與黏土製作雜貨的作家。

☑ 改造資歷5年
☑ 屋齡5年半・獨棟住宅

http://mymylife.exblog.jp

idea.01 大膽描繪壁面

將紙膠帶用手撕成 3 ～ 7cm 的長度，從下方的樹幹開始往上貼。曲線用短一點的膠帶能做得更圓滑。

Variation
也有這種用法！

使用較寬的紙膠帶，用美工刀刻出動物或香菇等形狀，就是原創的貼紙！

Pick Up Material 5

用有溫度的木材

讓收納也成為喜愛的風格

森舞小姐

arrange.01

廚房

吧檯

裁切百圓商店的木材，塗上木器著色劑。保留原本的螺絲孔，用小螺絲釘固定，之後也能恢復原狀。

裁切百圓商店的木材，塗上木器著色劑。保留原本的螺絲孔，用小螺絲釘固定，之後也能恢復原狀。

一邊住一邊改造現成的家具

不喜歡現成的廚具櫃膠合板的無機質感，森小姐活用木頭，增加溫度，打造成更令人放鬆的空間。原本以為改造可以簡單地改變風格，因為即使遇到喜歡的材料，要找到尺寸符合的也是不容易。

Profile

Mai Mori

改造資歷4年

144㎡　5LDK

http://blog.livedooor.jp/maikonomori

Pick Up Material 6

利用簡單訣竅

就能改造得更便利

東根康仁先生

想要
模仿看看

珍惜現在所有的東西，改造成更有個性

東根先生表示自己不喜歡什麼東西都用買的。組合能利用在收納的物品，活用死角，打造出方便利用的空間。無論是蘋果箱收納還是廚具架，只要加工過，就能發揮高機能性。

Profile
Yasuhito Higashine
改造資歷20年
http://higashineyasuhito.blog40.fc2.com/

arrange.01

開放式層架

為了將側板拆除，將蘋果箱底板的一部分釘子拆除，注意直橫向的平衡感堆放上去。因為非固定式，移動也很簡單。

arrange.02

廚具架

在和式櫃底板用螺絲裝上 4 個小輪子。如此一來就能減低和風感，打掃時也方便許多，一石二鳥。

Pick Up Technique 1

黑色油漆

塗漆與手工印刷

善用黑色油漆，是將室內裝飾添加帥氣的訣竅。塗漆與改造雜貨，能將印象大翻轉。

豪爽地重新粉刷紙拉門，改造和室。與木樑柱也很適合，帥氣變身。加上白色模板字，像是工作室的門。／chiko 小姐

窗框、書桌正面的線條等，一部分塗成黑色，能自然地將空間統一。文具也統一成黑色的。／suzy 小姐

入口處的擺飾，使用了塗上黑色的窗框。與盆栽一同裝飾，輕盈中帶點黑色的沉穩。／chiko 小姐

木板塗上黑板塗料，設置在鑲板上。黑板能打造咖啡廳風格，又能添加黑色。作為留言板也很實用。／MATSU 小姐

其實這不是黑板，而是設計簡單的軟木板。塗上黑色當做黑板使用。能釘上筆記，相當方便。／M224 小姐

模仿加油站標示的海報，是用自家的印表機做的。放到相框裡，為角落添加點黑色。黑色相框用銼刀加點痕跡。／ puzzle. 小姐

時髦的門是為了藏住貼有給家人留言的軟布板。窗框的中間鑲上塗了黑漆的三合板，關上時帶有室內裝飾味的效果也計算在內。／ chiko 小姐

百圓商店的相框接在一起作為擺飾。裡面設計成黑 X 白的文字印刷而成的布。布製的質感，變成更有原創風格的相框。／ chiko 小姐

昂貴的巴士道路標誌，用 WORD 設計後印刷出來便能重製完成。直接掛著也好，放進畫框裝飾也不錯。／ chiko 小姐

模仿加油站標示的海報，是用自家的印表機做的。放到相框裡，為角落添加點黑色。黑色相框用銼刀加點痕跡。／ puzzle. 小姐

Pick Up Technique 2

模板字

簡單就能變得更帥氣的祕訣

木頭、布、玻璃、瓶罐等，能漆在任何素材上的模板字。只要有版型就能簡單地打造帥氣的空間。

選擇跟抱枕長度一樣的英文單字，以剛好能印上去的尺寸刷上模板字。顏色稍微調淡一點，有種刷白的風格。／suzy小姐

上面是在普通的木頭上做的模板字。下面則是將做上面的模板字時，所剪下的文字排列而成的反模板字！使用百圓商店購入的布製畫框。／maa小姐

將現成的抱枕漆上黑色的模板字，帥氣又簡單。將抱枕整體漆上模板字，拿來擺飾也是非常時髦的素材。／chiko小姐

DIY剩下的材料塗上黑色，用白色做出模板字。簡單的數字相當適合擺飾。簡單又便宜的改造訣竅。／rinco小姐

百圓商店的抱枕。在一端漆上小小的模板字，做最小程度的改造。更簡單地將印有文字的布縫上去也可以。／M224小姐

改造小仙人掌盆栽，再塗上裂紋漆做出裂痕，刷上模板字。在凹凸的表面上也可以用模板字。／MATSU小姐

多彩的布畫之間隨興地漆上模板字加深印象。直接漆在牆上，更有室內裝飾的玩心。／ nego 小姐

園藝空間也加上模板字，顯得相當熱鬧。與天然的多肉植物也很適合。稍微有點刷白，隨興地變身仿舊風。／ M224 小姐

將茶箱改造成洋式。整體塗上木器著色劑，正面則漆上模板字。變身成像是骨董一般的仿舊風。當作收納箱使用。／ puzzle. 小姐

折疊椅上漆上模板字。在椅背和座椅背面塗上英文字和塗鴉，折疊起來的視覺也很有男人味。／ chiko 小姐

簡單的木箱上漆上喜歡的一段話的模板字。時髦地蓋著麻布收納的，竟然是米。讓廚房變得時髦的一種收納法。／ maa 小姐

參考美國風廚房的印象，琺瑯盒上漆上 U.S.A.F 的 LOGO 模板字。調味料罐也統一成黑色的。／ M224 小姐

Pick Up Technique 3

利用遮罩與塗漆

讓室內裝飾更調和

山田榮子小姐

在木櫃門板塗刷上黑板塗漆，看起來煥然一新。

利用遮罩塗漆稍作改造

山田小姐說改造的好處就在於只要稍作改造，即使不用購入新品，看起來也能煥然一新。

她改造的契機，是在搬到中古獨棟住宅後，想要讓生活更舒適一點而開始的。活用固定櫃與原本就有的收納小物，並為了配合房間，自然就多了許多遮罩等改造品。將在意的地方變成喜歡的地方也是樂趣之一。

因為很在意木頭的質感，側面與底部都裝上很有感覺的棧板，變成不管從哪裡看都很適合這個空間的遮罩。

arrange.01

黑板風
吊櫃

* tea menu *
mint
lemongrass
Common St. John's wort
Common white jasmine
German chamomile
Common mallow
Japanese apricot
* Food menu *
rose mary
Common yarrow
Common thyme
oregano
laurel
olive
wasabi
garlic
FIKA

門直接塗上黑板塗料，做成菜單風。側面與底部則用裁切過的棧板，塗上木器著色劑，用釘子固定在吊櫃上。

arrange.02

美化箱子

OPEN!!

家中的玩具箱使用的是塑膠製衣物盒。直接用的話很無趣，裝入用棧板做成的外箱，更能融入室內裝飾。

將裁切過的棧板與上蓋塗上木器著色漆，並將支柱用的木板立起，以釘子固定。上蓋裝上把手，並用鉸鏈固定即可。

arrange.03

鑰匙箱

OPEN!!

裝在牆上時，用螺絲固定在木板牆等有厚度的牆上。因為是箱形，不只可以掛鑰匙，放小東西也很方便。

在紅酒箱中用釘子裝上可以掛鑰匙的掛勾，本體與蓋子塗上木器著色劑。上蓋裝上把手，並用鉸鏈固定。

arrange.04

玩具箱

將兩個木箱橫向並排，並把配合箱子尺寸的木板塗上各種顏色，用螺絲固定在四周，再將內側塗色。隨意上漆會更有味道。

ZOOM!!

將兩個箱子合併，中間不但有現成的隔板，也比直接用木板做來得簡單又堅固。

arrange.05

茶箱變身玩具箱

將茶箱塗上木器著色劑，並將塗了黑板塗料的木板用鉸鏈固定在側面。和風的茶箱變身成時髦的玩具箱。

Profile

Natsume

在自家開設編織教室。為了下課後能有個喝茶休息的地方，自己改造成咖啡廳風格。

改造資歷7年
231㎡　7LDK
http://ameblo.jp/greentreasure7/

Pick Up Technique 4

自傲的塗漆技巧

讓收納煥然一新

新岡沙季小姐

不用丟掉，只要重新改造就可以用更久

改造原本不要的東西，就能與使用至今的家具與東西一起生活，是改造的魅力。新岡小姐說「對我來說，女兒的塗鴉是寶物，所以想要保留並加以改造」。將舊的東西翻新，將新的東西刷舊，每天將理想中的模樣，以塗漆為主進行改造。

基本上不硬塞，只在眼睛所能見之處收納。大容量的書架，東西有固定的擺放處，是收納日用品的好地方。

arrange.01

改造
書架

「IKEA」的書架與天花板之間裝設手作的櫃子，像是固定式層櫃。書架中放置抽屜櫃，或是用鉸鏈裝上門，看起來更清爽。

arrange.03

腳凳
當作收納架

塗上基底劑後，再上兩次水性塗料。塗有清漆的家具，若有好好塗上基底劑的話，成品會完全不一樣。

arrange.02

鑰匙盒

將全體做出傷痕，並染上污痕，打開蓋子，邊緣用紙膠帶保護。內側用水性塗料上兩次漆後，再加上掛勾。

用螺絲鎖緊在玄關的牆壁上，不用的時候看起來也有仿舊風，打開來則是亮麗的水藍色，能享受到落差之美的作品。敬佩這令人意外的使用方法。

Profile

Saki Niioka

擅長自己做家具與雜貨。老舊的獨棟住宅也是自己翻修成國外的室內裝飾風。

改造資歷7年
102㎡　5LDK
http://causette6.blog91.fc2.com/

Pick Up Technique 5

調整尺寸＆塗漆

打造符合現在生活的收納空間

井上明日香小姐

想要模仿看看

為了切割空間，做了櫃子放在各個東西區域。全體統一成灰色調，打造出成熟的空間。

只想用自己喜歡收集的東西來佈置房間

想要只被喜歡的東西環繞，這就是井上小姐的基本概念。於是開始將不適合房間的家具與雜貨改造成同一種風格，或是調整其尺寸。另外收納觀念也一樣，與其增加收納用的家具，不如自己審思，丟棄不需要的東西，維持舒服的空間。

arrange.01

文件
收納盒

將「IKEA」的文件盒上漆，用螺絲鎖上復古風的標籤。顏色是請顏料店調出來的自創顏色。

在做出厚重感的文件盒上貼上標籤，放入櫃子。淺灰色的櫃子與深灰色的文件盒，有一致的感覺。

Profile

Asuka Inoue

身為設計師，每天從事室內設計。一邊享受DIY的樂趣，也得到了理想中的住宅。

改造資歷10年
63㎡　1LDK
Instagram
User名 51asuka

arrange.02

書架

在市售的書櫃不塗漆的地方貼上紙膠帶保護，只在邊框塗色。只是這樣就更有味道。

arrange.03

鞋靴
收納架

將鞋架上下分成兩半，增加層架後塗漆。為了增加強度，後側用釘子鎖上支撐架，並用螺絲固定層板即可。

Pick Up Technique 6

只是改變風格

就能發揮優秀的機能性

okyon小姐

將機能性家具加上遮罩就能更融入室內裝飾

因為喜歡倉庫風的室內裝飾，okyon小姐開始做起了DIY。機能性令人滿意的廚具架因為不適合室內裝飾，將周圍加上了遮罩，就彷彿再次與新的魅力相遇。能將用慣的東西以新鮮的心情繼續使用，是改造的一大魅力。

arrange.01

廚具架

作法 P.166

裁切百圓商店的木材，塗上木器著色劑。保留原本的螺絲孔，用小螺絲釘固定，之後也能恢復原狀。

Profile

Okyon

改造資歷3年

113㎡　4LDK

http://okyon87.cocolog-nifty.com/blog/

Pick Up Technique 7

多次反覆塗裝

想更接近純白的空間

竹內亞希子小姐

塗法的訣竅：一個顏色也能有豐富的表情

最喜歡白色的竹內小姐，將家裡全漆成了白色。即使使用同一種塗漆，塗抹的表面素材不同，完成的顏色以及風情也會不同，相當有趣。故意塗得不均勻，趁還沒乾的時候做出傷痕，打造出仿舊風等，在塗法上也會做點改變。

Profile

Akiko Takeuchi

改造資歷12年

4LDK

akkocafe.exblog.jp/

arrange.01

電視櫃

百圓商店購入的白色蓋子的保存罐，貼上自己做的標籤，加上湯匙，變成一個方便使用的組合。

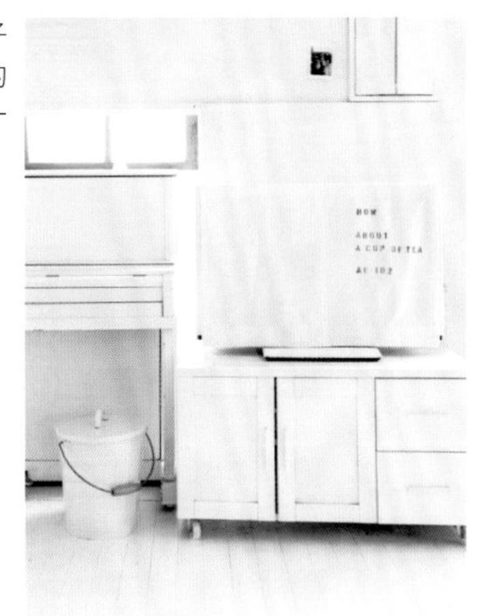

arrange.02

保存罐

原本就是白色的電視櫃，因為很在意玻璃的部分會看到裡面，便也在把手跟玻璃上塗漆。玻璃部分塗了3次。

Pick Up Item 1

家具&小家具

中古家具與百圓雜貨大變身

將家裡現有的家具重新塗裝，利用百圓雜貨製作小家具。豪爽漆上，改造成男孩風。

櫃子隔板上漆上數字模板。雖然只是簡單的數字，打開門時卻可以帥上好幾倍。也方便收拾整理。

將洗手台的收納櫃改造成容易使用。裝上遮掩用的門，側面也加上方便的掛鉤。重點是破舊風的把手。／chiko小姐

將收納櫃裝上門，改造成小孩用的玩具箱。門塗上WATCO Oil，變身復古風。一支獨秀的模板字也很有效果。／rinco小姐

廚房推車最上層的架子，換成百圓商店購入的鐵網。除了看起來時髦，也很通風，最適合收納蔬菜。／chiko小姐

改造原本是白色的小抽屜櫃。以銼刀去除油漆，抽屜的部分則用黑色塗漆。簡單的小抽屜櫃便帥氣變身。／chiko小姐

將木製架的門拆除解體，改造成鞋櫃。將百圓商店的烤網塗漆做成門。通風良好，看得到裡面，方便使用。／chiko 小姐

利用百圓商店的小箱子做成帥氣的傘架。隔間的一格裝飾著盆栽，作為擺飾。／chiko 小姐

+ How to make +

準備兩個隔成三格的盒子，拿掉底座，變成傘架的隔板。隔板的框跟腳板以木工用接著劑黏合便完成。底座則設置了防水的不鏽鋼托盤。

架子中間漆上綠色，變成兩種色調。前方貼上木板便成書報架，再加上模板字點綴。／mocomocomuuu 小姐

找不到喜歡的電視櫃，就拿現成品來改造。貼上桌板用的木板，側面好好塗裝一番，就變得相當帥氣。／nego 小姐

以前在百圓商店買的木盒。隨意塗上漆，再加上作為提把的網子，變身成小孩用的文具盒。／chiko小姐

隔開廚房的吧檯上架了簡單的架子。排列著貼有標籤的瓶子，以擺飾收納將廚房遮掩住。／M224小姐

玄關周圍DIY。去除白色鞋櫃的塗漆再上漆。上方裝飾綠色或黑色的雜貨，改變整體的感覺。白色風格中的黑色發揮點綴作用，相當帥氣的玄關。／chiko小姐

BEFORE

AFTER!

ZOOM

貼上木板，改造擺飾空間。不傷到牆壁也能隨意裝飾，令人開心。利用架子跟掛勾打造出有立體感的擺飾。

將自製的海報印刷出來後，放入原本就有的畫框中。貼在吧檯上，運用簡單的文字畫框改造成廚房倉庫風。／ M224 小姐

將百圓商店購入的三格盒做成 iPhone 的音響。將中間的上板拆除，放置手機，揚聲器的地方則貼上有孔的三合板。／ chiko 小姐

改造固定住的鞋櫃。拆下米白色的門，換成三合板，變得相當帥氣。自製海報畫框加重印象。／ maa 小姐

正中央變成擺飾櫃的固定鞋櫃。擺飾櫃的正面利用剩餘材料貼成馬賽克狀。下面的把手也替換成鐵製的。／ maimai 小姐

為了將能從客廳一覽無遺的冰箱擋起來，設置了隔板。加上層板與金屬棒，變成時髦的擺飾櫃。／ chiko 小姐

Pick Up Item 2

打造仿舊感

更有味道的收納空間

瀧本真奈美小姐

想要
模仿看看

舊外文書染色後做成的標籤紙，就能讓瓶瓶罐罐多了復古的氣氛。

只要稍微加工新品與道具都能融入在房間中

YUI@小姐想將本來很難隱藏的東西，用標籤或罐子做成室內裝飾的一部份。貼有仿舊標籤的瓶子，與螺絲、油漆罐擺在一起。統一用仿舊家具與雜貨的房間，雖然看起來都是用古董，但其實都是用新品加工而成的小物，相當令人驚訝。「即使是新品，只要稍微加工一下，就有好像用了很久的感覺，讓我相當沉迷。訣竅就是要仔細觀察舊物的模樣。」

arrange.01

復古風格 零食罐

用咖啡將舊外文書與蓋了印章的紙染色，邊緣則稍微用打火機燒，做成標籤。用較淡的接著劑貼在玻璃瓶上，變身成仿舊收納罐。

arrange.02

壁龕風 書架

將書架前的牆壁漆去除後，再塗上厚厚的漆，鑲入層板做出壁龕風。讓雜貨更耀眼的空間。

作法 P.143

將原本兩倍高的和式櫃子切成兩半，重新塗上黑色與白色的漆，在各處做出傷痕，更有味道。

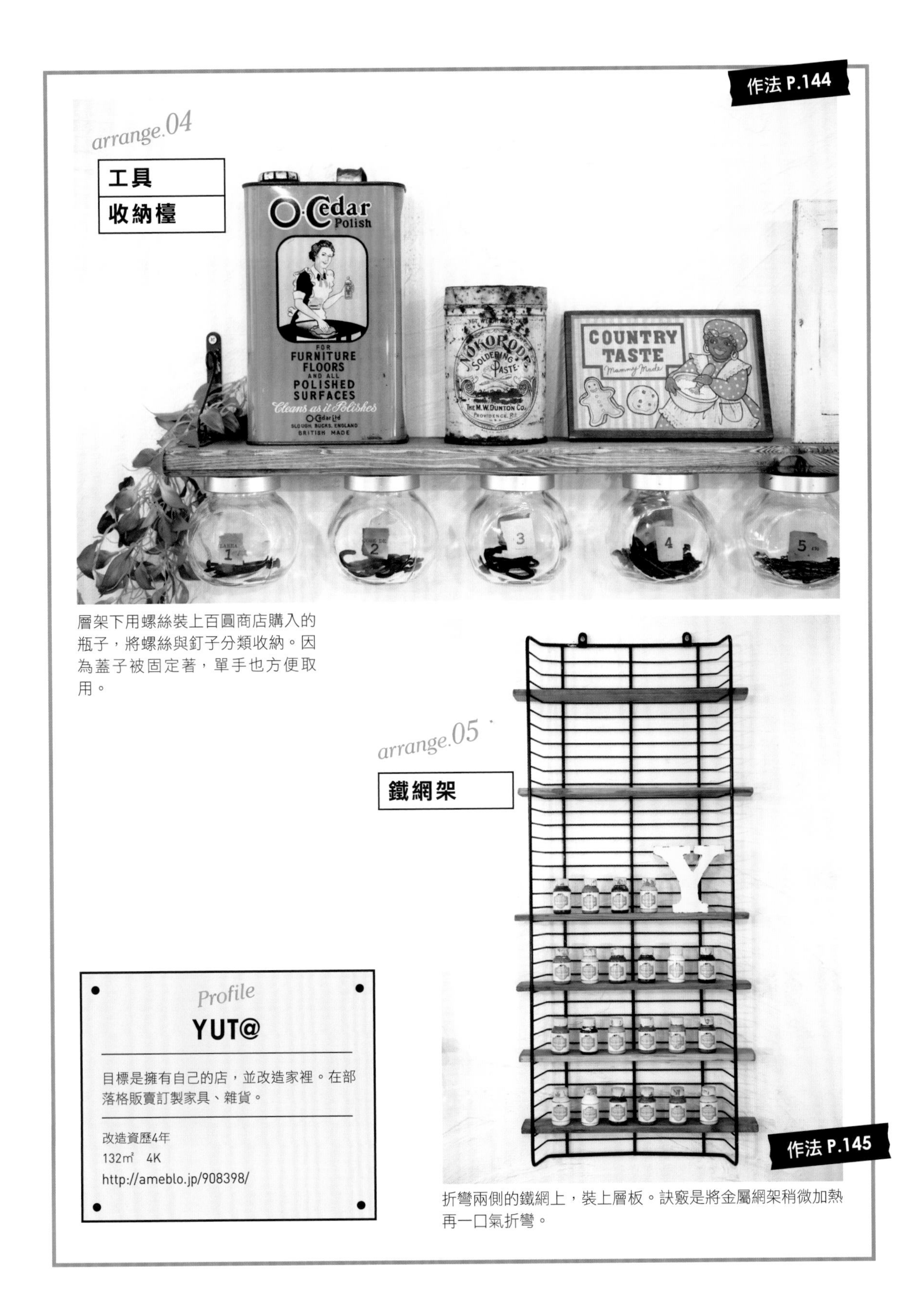

作法 P.144

arrange.04

工具收納檯

層架下用螺絲裝上百圓商店購入的瓶子，將螺絲與釘子分類收納。因為蓋子被固定著，單手也方便取用。

arrange.05

鐵網架

作法 P.145

折彎兩側的鐵網上，裝上層板。訣竅是將金屬網架稍微加熱再一口氣折彎。

Profile

YUT@

目標是擁有自己的店，並改造家裡。在部落格販賣訂製家具、雜貨。

改造資歷4年
132㎡ 4K
http://ameblo.jp/908398/

Pick Up Item 3

百圓商店與便宜的素材

就可以實現帥氣收納

NATSUME小姐

利用便宜的素材改造室內大面積，享受Before&After的變化樂趣。

從原本的樣子能變化的程度，來享受其中的變化

買了新房，卻沒辦法活用以前的家具的時候，才開始有了改造的念頭。將原本要丟掉的東西回收利用，把便宜的東西稍微加工做成喜歡的雜貨等，似乎很享受改造才有的Before & After的樂趣。

特別是收納小物能用百圓商店的素材做出來，房間各處是方便又帥氣的收納櫃。

arrange.01

壁架

將裁切箱子剩下的工作材與箱子塗上木器著色劑，再用接著劑黏接。最後貼上仿舊金屬板，並以扣環鎖緊螺絲即可。

arrange.02

文件櫃風收納櫃

將4個6格收納盒用接著劑固定，再用三角扣環鎖上螺絲即可。將裁下的工作材鑲入，變身成文件櫃風的收納櫃。

arrange.03

使用兩色的盒子

從「Seria」購入的附有金屬板的盒子，將4個塗上木器著色劑，配合層板的高度放進8個，打造雙色風的抽屜櫃。

arrange.04

廚房
收納

緊密貼上 5cm 左右的紙膠帶，
再貼上「Seria」的復古金屬牌。
隨時可以撕掉，輕鬆加倍。

ZOOM!!

「無印良品」的抽屜櫃作為食品收納。因為看得見裡面的東西，用可以遮住的紙膠帶貼住。

兒童房內，書與文具等常使用的東西採開放式收納。特別選用較矮的家具與籃子，更方便取用。

arrange.05

筆筒

將「Seria」的兩層盒以接著劑接，做得稍高一點變成筆筒。籤使用最喜歡的「丸林さんち（丸林小姐家）的書的附錄。

arrange.06

冰箱風
玩具
收納櫃

在收納櫃的側面與門用接著劑黏上三合板即可。門用鉸鏈鎖上做成可開關式。下層則是手工做的抽屜櫃。

OPEN!!

在各層的正中央用接著劑黏接層板用的木板，並放上三合板，將各層再隔成兩層，放入籃子，方便小朋友取物。

Profile

Natsume

製作雜貨、販賣。最喜歡手作，著作有『復刻歲月痕跡！巧手打造人文復古宅』（台灣東販出版）（原文『なつめさんちの新しいのにアンティークな部屋づくり』KADOKAWA／Media Factory出版）

改造資歷3年
122㎡　2LDK
http://ameblo.jp/greentreasure7/

客廳・廚房・衛浴・玄關 etc.

不同生活區域的改造妙計

讓家中空間變身雖然很困難，就從在意的地方開始吧！
帥氣變身的祕訣就是，木材與塗漆的選色方法。
收集了許多適合各種生活區域的妙計。

Space Remake

攝影／大西二士男、清水洋、佐佐木孝憲、橫田公人 取材 文字／鈴木久美子

Space Remake 02 Living

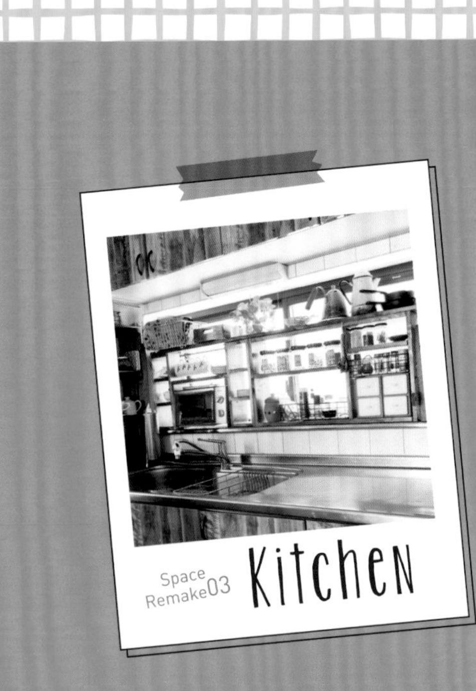

Space Remake03 Kitchen

Space Remake 01 Dining

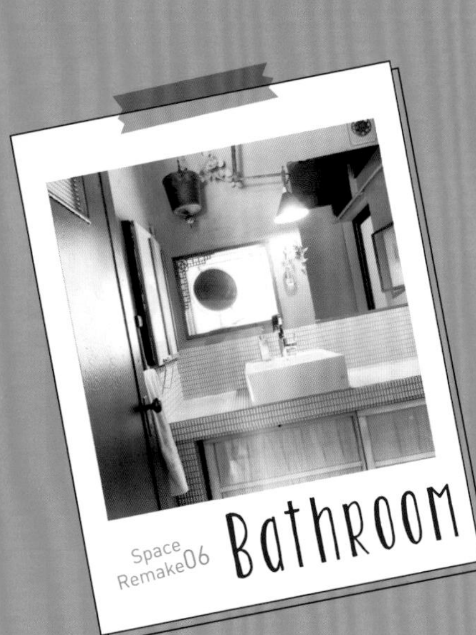

Space Remake06 Bathroom

Space Remake 05 Entrance

Display corner Space Remake 04

將生活中心的空間 用改造變身！

正是一天之中待最久的地方，才想要讓餐廳跟廚房變得更舒適。介紹一些只要稍作改造愛用的家具與雜貨，就能帥氣變身的訣竅。

Dining 餐廳

將餐桌與牆壁稍微加工 讓餐廳更方便

只是稍微加工一下既成品的餐桌，與固定家具，就能打造出令人驚訝的帥氣空間。統一素材與顏色，是帥氣變身的祕訣。

在桌面上漆上木器著色劑，能帶出木材原本的素材感。在漆上木器著色劑前先在表面做出傷痕，再以刷子上兩層。選用暗色系的，抑制柔性更帶出帥氣感。

在廚房旁邊設置架子，隔板選用暗色調。黑×灰設計感十足的家電，統一視覺。

塗上木器著色劑與清漆

考慮到要與鐵製的桌腳與鋼製的椅子配合，桌板塗上了水性漆。最後塗上透明的清漆，就不容易沾上污垢。

1 背板選用暗色調，統一視覺。

2 桌板塗上水性漆，最後塗上透明清漆就能預防髒污。

重新裝潢原本為壽司店的房子時，將設計簡單的吧檯留下來再利用。配合空間的氛圍，塗上木器著色劑，變身成咖啡廳風格。
在吧檯上方裝設架子，掛上鐵製掛勾變成收納空間。不僅取用杯子時相當方便，看起來也時髦。

1 加裝了掛勾的鐵架，拿取杯子更方便。

2 將吧檯桌塗上木器著色劑，變成有點仿舊的氛圍。

趁著搬家的時候，將以前做的收納櫃再改造。背面裝上三合板，當作廚房的隔板，也兼具收納與擺飾的空間。作為框架的鐵柱稍微有點生鏽，很有味道。因為是開放式層架，魅力就在於無論在餐廳還是在廚房都能使用。

1 稍微有點生鏽的鐵架，散發帥氣的感覺。

2 在鐵架背面裝上背板，兼具屏風的效果。

餐廳的門是利用中古門板，切成一塊塊的木材貼在牆上，打造出懷舊又帥氣的空間。
電視牆是將9cm的方形素材切成3~4寬，以銼刀除去銳角，再用濃度不同的木材著色劑著色製成。

1 為牆面增添變化的多彩視覺。

2 桌子和椅子都是中古物的組合，很有自家的風格。

為了隔開餐廳與廚房，在吧檯旁的牆上裝上用五金裝設門窗隔扇。牆壁塗上珪藻土，吧檯則貼上了白色磁磚，讓黑色雜貨更加奪目。
吧檯桌上隨性的馬口鐵檯燈，與舊藥瓶及乾燥花一同擺飾，帶有帥氣風格。

1 黃燈打在乾燥花上增添視覺暖意。

2 吧檯磁磚以米白色跟室內色調統合。

在自然風格的空間中，加上黑板與黑色雜貨，讓空間凝聚在一起。在廚房吧檯貼上木板，為了不要太柔性，設置了一部分塗上黑板塗料的橫長黑板。柱子上裝了黑色的CD Player。

掛上塗有小小模板字的黑板，帶有沉穩的風格。

為了打造男孩風的空間，將英國製造商「DALTON」的工作檯當作咖啡櫃使用。用打洞的木板改造，遮蓋下方的收納空間。「IKEA」購入的不鏽鋼桿與迷你櫃增強收納力。

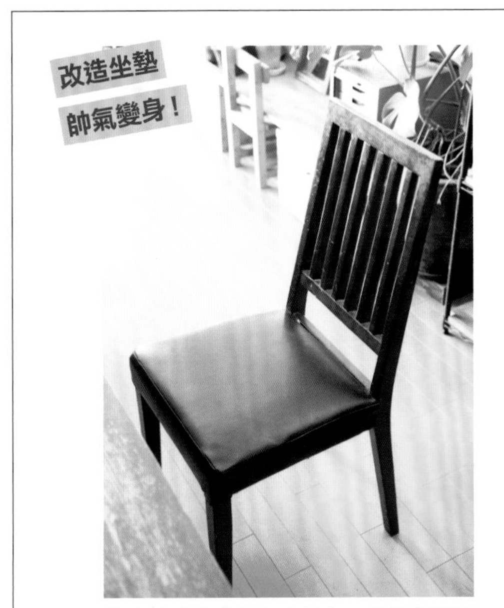

將坐墊改換成黑色皮革布，就能實現更加帥氣的餐廳。在坐墊反面使用鉚釘，緊緊包覆坐墊。

1 打洞的木板與不鏽鋼風格意外契合。

2 衛生紙盒和工具架用日用品店找到的強力磁鐵固定。零件也統一用不鏽鋼的。

暗色系與小家具
讓客廳更帥氣！

家人與客人聚會休憩的空間，想要考慮到機能性又想要令人放鬆的氛圍，溫和與率性的調節最重要

使用暗色調，變身帥氣的感覺。放杯子的櫃子漆成黑色，背板貼有「Marimekko」的布的影印本。將原本的柵欄漆成白色，加上植物。

將岳父給的櫃子的門板拆下，當作展示櫃。為了能在沙發上享受讀書的樂趣，在櫃子上裝設了夾式聚光燈。將喜歡的杯盤與雜貨，以相同間隔擺設。
將拉門邊框漆成白色，貼上遮蔽用玻璃貼片，取代和紙重新改造。放置深褐色的桌子以及皮革沙發，讓空間更加帥氣。

1 將櫃子改造成展示櫃，窩在沙發上就能方便拿取書籍。

2 皮革沙發能為室內空間帶來沉穩的氣氛。

3 在網路拍賣找到的舊縫紉機的桌腳，加上桌板，變成愛用的電腦桌。

4 將裁切過的圓木當作桌子或是板凳，很特別的點子。

5 將遮掩用的玻璃貼片從背面貼上，打造出格子狀的玻璃窗。

利用舊物回收店購買的咖啡桌的桌腳，加上復古風的厚重木板再利用。配合茶色的桌腳，沙發也選用同一種色調。

盆栽區選用的鐵製桌角的桌子。底下鋪上磁磚會更穩固。

柱子與牆壁之間故意打通，裝上有孔的木板，變成先生擺飾工具的空間。這樣一來從客廳不會直接看到隔壁的房間，也兼具收納機能，一石二鳥。

為了更容易取用工具，將組合櫃的高度裁成兩半，左右併排，收納迷你車等玩具。

將原本就有的抽屜櫃裝上把手，改造得更方便使用。只是裝上簡單的五金，就能變成時髦的風格。

從以前使用到現在的兩個收納櫃併列，在中間架上層板，增強收納力。裡面放的文件盒也統一用黑色。櫃子上放了水族箱，兼具趣味性的空間。

1 抽屜櫃加上仿舊鐵製把手，拿取物品也很方便。

2 黑色的收納櫃是不是看起來很專業呢？

將兩片配合沙發寬度裁切好的木板，放在推車以及手作箱子上，兼有工作台以及收納的功能。

附有輪子的推車，作為工作檯與收納櫃的桌角。如果剛好可以擋住沙發的高度，就算有點雜亂也不會在意。

3 推車與箱子統一用灰色調更有品味。

4 金屬與木頭混搭的 LOFT 風格。

印有Logo的時髦紅酒箱底板上，用五金裝上了鐵製的桌腳，做成兼有收納功能的迷你桌子。「無印良品」的凳子，套上手工做的椅套，更有原創風格。

1 打開蓋子，裡面擺滿了手工用的材料與文具。用籃子與盒子隔間，細小的零件也很容易取用。

Open!

將木箱用紙膠帶貼成民俗風，塗上木器著色劑，乾燥後再撕除即可。無機質的DVD播放機也融入家中的氛圍，帥氣變身。

2 用紙膠帶替木箱清爽變身

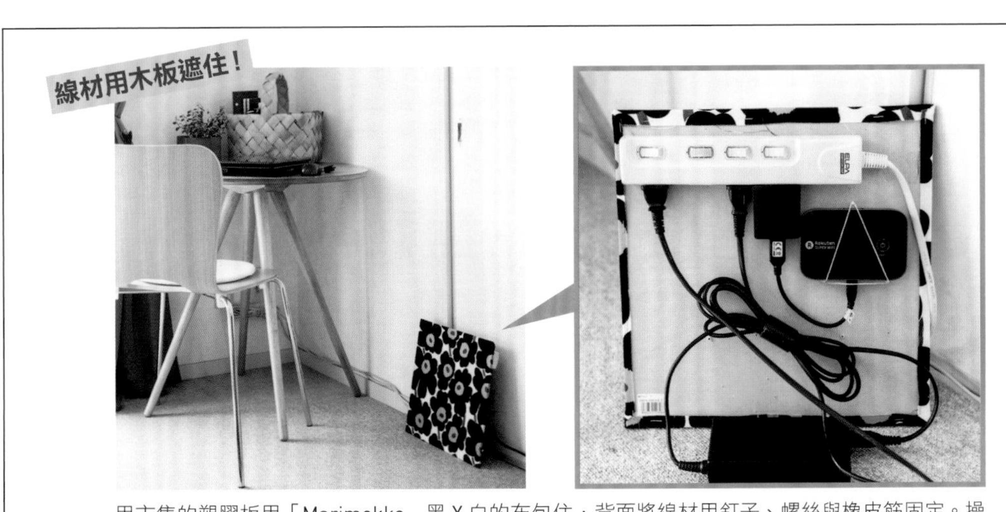

用市售的塑膠板用「Marimekko」黑 X 白的布包住，背面將線材用釘子、螺絲與橡皮筋固定。操作方便，又美觀。

用磁磚、壁貼與
木板變身！
讓廚房更具機能性

讓廚房更好使用，並更美觀的訣竅，就在於提升櫥櫃與水槽周遭等收納空間的機能性。用木材、黑板塗料改造得更有格調。

無機質的系統櫥櫃，改造成木造風。水槽下與吊櫃貼上木紋壁貼，裝上黑色的把手。對外窗裝上架子，增強收納力。

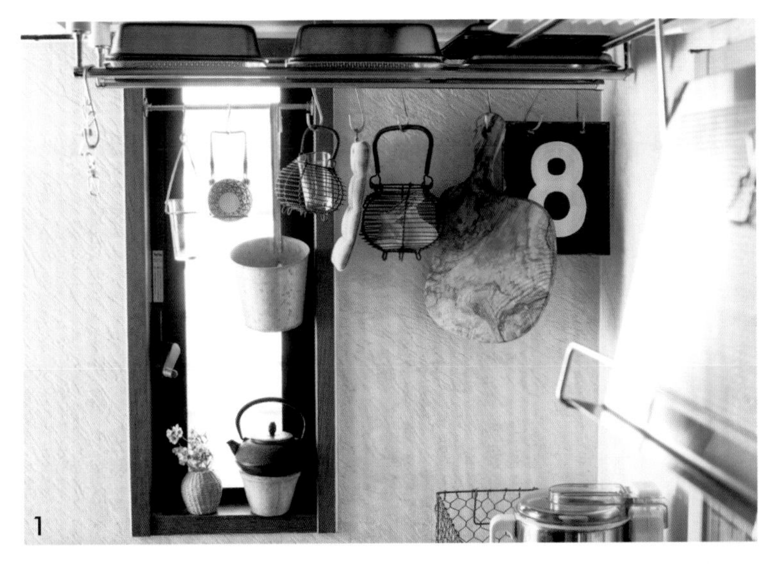

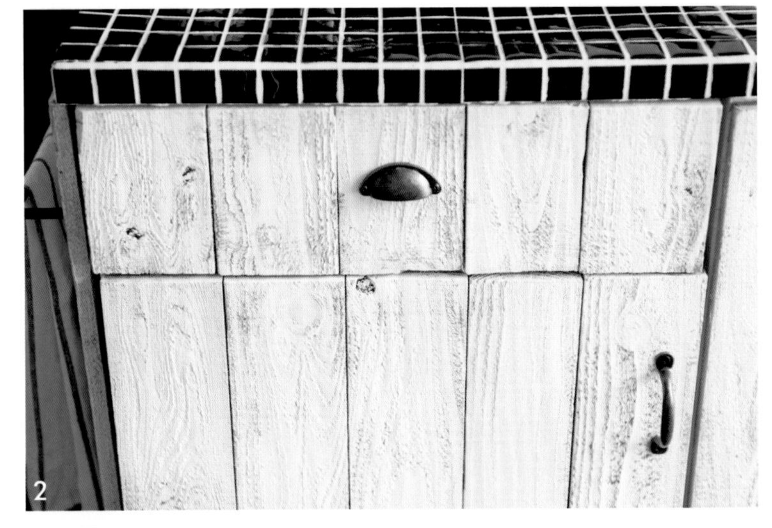

吊櫃下裝上尺寸剛好的支架，活用死角。上方是擺放收納，下方是掛式收納。

廚房收納的抽屜櫃與門板，像是木板牆一樣，貼上漆成白色的小塊木板，再裝上不同設計的把手。為了能凸顯木紋，上漆時隨意即可。

參考高格調的紐約咖啡廳的感覺，水槽周圍用接著劑貼上了黑色的磁磚。英文字的雜貨，與很有味道的方形盆栽，添加玩心。

1 活用吊櫃下方的收納空間。

2 謹記要隨意地塗刷才能營造自然的仿舊感。

3 黑色磁磚檯面與白色牆面呼應成個性對比。

廚房與餐廳之間的隔板貼上白色磚瓦，擺飾黑色數字與不鏽鋼叉子等硬質感的雜貨，為牆壁添加風情。
為了不會從客廳一覽無遺，在冰箱旁架設了隔板。塗上深色的油性色膏，帥氣加工。

1 白色磚瓦牆上擺放的大叉子、車牌與相框，為室內空間增添一點玩心。
2 在隔板上面加上框架與掛勾，吊著圍裙相當好用。

牆壁貼上白磚瓦風的輕量磁磚，更添加風情。

1 瓶罐旁的管線用印有英文字的紙膠帶。像是使用多年的廚房的感覺。

2 吊櫃的門塗上黑板塗料，再加上數字。為了遮住熱水器，裝上塗了黑板塗料的門，一掃生活感。

容易形成死角的對外窗也能有效利用。水泥磚加上剩餘的材料就能做成收納架。
在「Seria」購入的鐵製台放上剩餘材料，下面放置迷你籃子，上面則是裝有清潔劑與海綿的盒子。

1 裝上夾式聚光燈，就是帥氣的收納空間了。
2 便宜又好用的兩層架。

裝在廚房吧檯上，兼具收納的吊櫃，裝上了黑板。可以裝飾剪紙與乾燥花。

將木板裁成比換氣扇稍大的尺寸，在換氣扇周圍用螺絲固定住角材，並用鉸鏈設置蓋子。使用換氣扇時，將蓋子抬起，拉一下繩子就可以開啟。

1 只要使用磁鐵夾就可以輕鬆更換黑板上的素材。

2 可以遮蓋換氣扇又不會與周遭突兀。

將舊木頭風的木板用雙面膠固定，完成簡單的木製牆面掛桿。
讓人聯想到實驗室的藥瓶，貼上歐風文字的標籤，收納喜歡的香味茶。

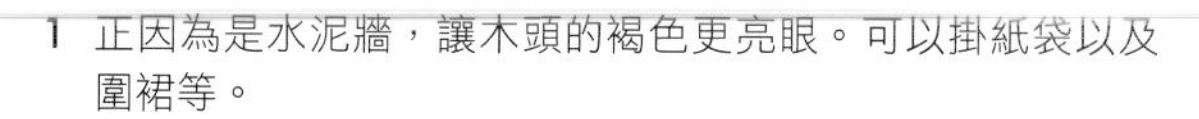

1 正因為是水泥牆，讓木頭的褐色更亮眼。可以掛紙袋以及圍裙等。

2 玻璃瓶與文字的組合有種帥氣的感覺。

將在舊家具店找到的桐木箱，在吊櫃下用螺絲固定的簡單收納點子。特別的垂吊式聚光燈，先上焦褐色，再不均勻地上藍漆。做出有點倉庫風的感覺。

只是在純白色的冰箱上隨機排列黑色英文字的磁鐵，就能添加時髦感！只要花點心思就能讓做事時更開心。

1 方便拿取亞麻布與茶壺，不佔空間，讓廚房看起來很清爽。

2 當作做菜時的照明燈使用。

將小空間加上一點玩心，進行時髦改造！

擺飾空間與玄關，想將小空間變得更帥氣、更好使用。改造時也加點玩心，讓它變身吧！

Corner 角落

室內裝飾的樂趣之一，就是裝飾自己最喜歡的雜貨。介紹一些為了打造時髦空間的改造訣竅。

櫃子上格子狀的擺飾架，是回收利用衣櫃的隔板做成的。
拆下不要的拉門，變身擺飾架，裝飾在玄關的牆壁上。

1 將紙製相框塗上裂紋漆，做出破裂風的塗漆。
2 像是標本一樣裝在相框裡擺飾。
3 將原本用塑膠板包覆的書報架，用小刀削除，改造仿舊風。
4 拉門裝飾著喇叭型的照明與皮箱等倉庫風雜貨。

貝殼狀的蛋糕模型，故意使之生鏽，與舊梯子跟小抽屜櫃、咖啡豆的木桶等一起擺飾在玄關邊。就像是舊家具店一樣熱鬧。

將裝上鉸鏈的畫框釘在牆上，上半部擺飾地圖，下半部則是鑰匙與月曆等素材。乾燥植物做出曲線後固定，看起來像是一個作品。

1

2

1 特別的畫框也能成為裝飾品的一員。

2 室內一角的隨意擺放，打造出跟家居雜貨店一樣的氣氛。

在舊家具店購入的茶色櫃子，改造成仿舊風的擺飾櫃。
在吧檯挖個洞做出書架，並在牆壁的側面打洞，裝上流木做成擋書桿。

1 隨性塗上白漆，故意做成損壞的感覺。

2 利用人造植物妝點一抹綠意。

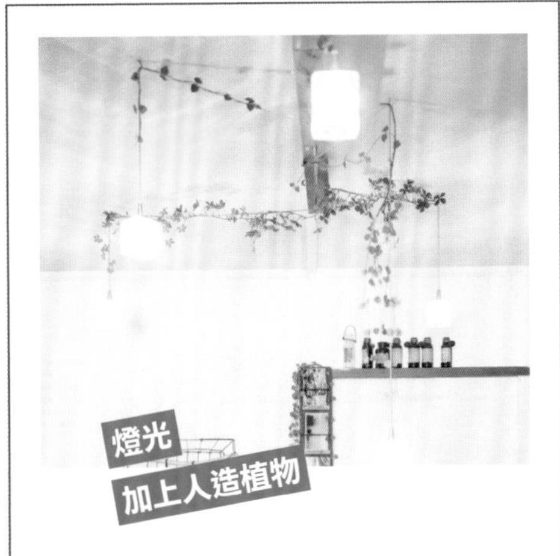

上／在燈罩上加上人造植物，增添清爽的感覺。下／裝在牆壁上的籃子，也用人造植物纏繞。

改變牆壁與地板的印象，讓玄關跟走廊更時髦

容易淪為枯燥印象的玄關與走廊以及樓梯試著換掉牆壁與地板，變成能開心迎接客人的場所吧！

Entrance

玄關

1 打開玄關時能立刻看到走廊的正面，裝設了手工做的門。與視線同樣高的地方裝飾了文字，下半部則是木板牆風。裝上黑色的鐵製把手，更添加帥氣。

2 連接到玄關的樓梯下的空間為盆栽區。為樓梯添加風情的是白色的英文字。將英文字的磁貼放在樓梯下的黑色鐵架上即可。

固定式鞋櫃的門上，貼上薄板，碰到牆壁的框架也貼上木板，用帥氣木紋統一整體風格。簡單的鐵製椅子放上盆栽裝飾，讓玄關變身成熟風格。
在市售的架子上增加層板，架子背後裝上兼做隔板的黑板。

4

3

5

3 舊鐵椅搖身一變置物區。

4 用布沾取可可粉，在鐵架上摩擦，可做出仿舊感。

5 將細木條斜向拼貼做出斜紋圖案，細木條用木器著色劑調出濃淡色更有溫度。

加上玩心，
更有清潔感的空間

容易會有生活感的洗臉台與廁所，加上點清潔感與溫度，變成大家更方便使用的空間。加上貼紙與盆栽，不忘玩心。

Bathroom

浴室

1 水槽下裝上塗了木器著色劑的木板，換了一個把手。鏡子的框架也貼上木板，用剩餘材料做的毛巾架，印象煥然一新。

2 將牆壁塗成藍色，水槽周圍則是貼上白色磁磚，變身復古風的盥洗室。水槽下的收納空間，則裝上舊建材的窗戶，用布遮蓋。

在固定式的收納櫃的門上貼上木板，層板則是利用剩餘材料，皆塗上木器著色劑，更顯木紋。
將門塗上了薄荷藍，再貼上小鳥的壁貼，看起來渙然一新。
最後將原本是粉紅小碎花的牆壁塗白，窗戶下裝上了剩餘材料的層板。

1 黑色相框、多肉植物等，打造出男孩風。

2 貼壁貼的技巧在於貼的時候將門跟牆壁融為一體。

3 將做好的內窗鑲在窗戶上，白 X 木的組合，更有溫度。

主角是倉庫風雜貨！
重新擺置陽台花園

將陽台與花園改造成木甲板風、小木屋風。擺飾帥氣的倉庫風雜貨，打造帥氣的庭園。

Garden
花園

延續著客廳的陽台裝上木板牆，擺上馬口鐵的花園雜貨與鐵網籃。

紅磚風的磁磚，加上海報更有味道。
以及為了不被鄰居一覽無遺做了牆壁，變身成小木屋風的陽台。

1 多肉植物與植栽讓冷色調的空間多一點溫暖。
2 將兒童椅與花壇塗漆。選用綠色或海軍藍等冷色系，感覺更清爽。
3 在木板裝上掛勾有效利用收納空間。
4 塗成藍色的們與花台讓陽台更有味道。

來看看達人們介紹的點子吧

改造收納空間 特別技巧與道具介紹

本書中精采的改造技巧，看了不知從何下手嗎？
為讀者介紹達人在前面篇章中實際用過的技巧，以及他們推薦的商店，
也能發現許多可派上用場的道具喔！

Special Column

黑色
很帥氣

COOL

SIGN PAINTING

讓看板
更時髦

用金箔打
造高級感

GOLD LEAF

攝影／橫田公人　採訪 文章／鈴木久美子

SPECIAL COLUMN

帥氣文字的作法

1

來做復古風的
巴士道路標誌吧！

要不要做看看男孩風空間不可或缺的「巴士道路標誌」呢？
彷彿是在牆面上印上模板字一般，讓空間凝聚在一起。

HOW TO MAKE IT!

連接 A4 紙
完成迷你尺寸的
巴士道路標誌

A4 紙印刷後黏接，上下用塗黑的環保筷固定。跟黑色雜貨一起擺飾，營造出帥氣的空間。隨著不同的擺飾方法，會有不同的印象。

輕鬆完成！

How to Make

要準備的東西

- ☑ 影印用紙 2 張（A4 尺寸，磅數稍厚）
- ☑ 一雙環保筷
- ☑ 黑筆
- ☑ 膠帶
- ☑ 線（白色）

1 輸出

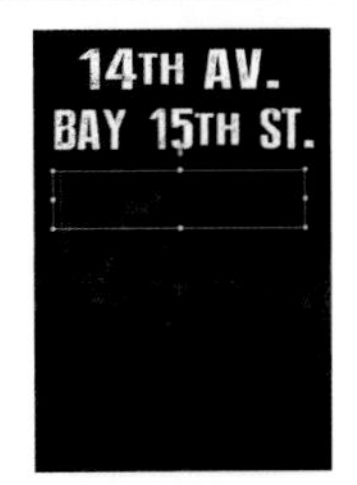

使用掃描時

使用排版時

從 Haru 小姐的部落格Ⓐ下載。自己排版時，從網頁Ⓑ下載文字，在黑色背景上配置白色文字。

2 印刷

1　將這些印刷出來。為了黏貼環保筷，在上下各留 5cm。

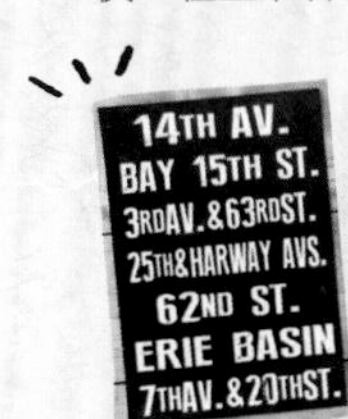

2　印刷出來的成品

3 黏上環保筷

1　將兩張印刷好的成品在背面黏上雙面膠連接起來。將環保筷折半，左右各露出 3cm 左右，放置在紙上。

2　將露出的部分用黑筆塗黑。

3　將印刷好的紙翻過來，將影印用紙包住環保筷，用膠帶固定。

環保筷露出的部分綁上線，就可以掛在牆上了。

ADVISER

想出這個點子的是

Haru 小姐

插畫設計師，從事廣告等相關工作外，也在網路商店販賣原創海報與卡片等。

http://hl-andco.com

※部落格／Ⓐ http://hal36.blog.fc2.com　Ⓑ http://www.dafont.com/press-style.font

享受各種不同的擺放方法

放進相框、用衣架掛起來，用身邊的小物盡情享受！

Haru小姐有身為插畫設計師的職業性格，對帥氣的文字相當執著。並特別喜歡1940年～1960年代在國外經常被使用的粗體字。最近興趣更是加深，開始做一些過去美國等地的巴士道路標誌，以及各種海報等。文字配置與仿舊加工都是親手做的。

「除了字型的選擇，最後收尾的時候也很重要。例如，為了表現當時的氛圍，文字的背景、在擺飾用的道具上做仿舊加工也是重點。」

復古風的黑色相框擺飾在架子上

只是放在A4尺寸的黑色相框並排著就非常帥氣。當然這樣就可以，但在相框上再稍作加工做出仿舊感，會更有味道。

加工的重點是可可粉。將相框塗黑後，用沾了可可粉的布擦拭。

VARIATION 01 放進相框擺飾！

VARIATION 02 用衣架掛起來擺飾！

用不同尺寸印刷
再用衣架掛起來即可

一張用 A4 尺寸，另外一張用 A3 尺寸印刷。用簡單的衣架掛在牆上就完成了。掛的時候，用兩張不同尺寸的紙，並稍微錯開，看起來會更有平衡感。

推薦使用設計簡單的褲子、裙子用的衣架。也可以像相框一樣塗黑。

更加享受復古風的文字吧！

不只這次教我們做的巴士道路標誌，Haru 小姐家還有很多帥氣文字。
擺飾方法也很值得參考。

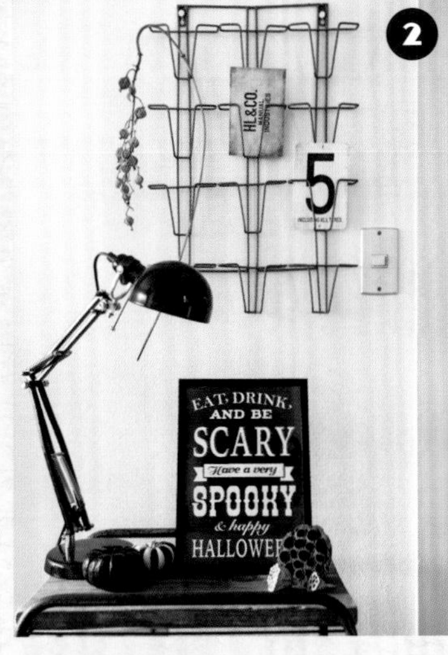

1 老舊的車牌擺飾在廚房窗戶旁。這是唯一非手工做的文字裝飾品。
2 適合大人的萬聖節海報，放進相框，與塗成黑色的南瓜一起裝飾。
3 架子上層的是速度號誌，下層則是仿汽油價格表做的擺飾。
4 與實體大小一樣的巴士道路標誌。因為尺寸較大，而且不是用紙而是用布，是委託專門的業者印製的。
5 將小型標示，以黑白組合擺飾。
6 牆上擺飾的是，用實際布魯克林區的地形做出的文字排版地圖，參考各種設計做成復古風格。

攝影／AZEYAGIJYUNKO　採訪 文字／諸井（TEAM H!）

SPECIAL COLUMN

帥氣文字的作法 2

復古風Sign Painting來試試看吧！

時髦的商店或咖啡廳的玻璃窗上常見的，Sign Painting。
請油漆字師傅工藤先生傳授能應用在改造的基本畫法。

1 以 Gold Leaf 技法寫出文字後，再用黑漆描繪邊框。最近常見的金箔＋塗漆的 Sign Painting。
2 這個也是工藤先生以金箔＋塗漆完成的作品。
3 用細木組合成的木板上利用 Paint 技法，打造隨性風。這也是工藤先生的作品。
4 Gold Leaf 技法加上白色邊框。白色邊框有種溫柔又高貴的印象。
5 太多過於正經的字體，這種隨性的手寫字文字反而令人感到新鮮。能用字型帶出玩心是其魅力之一。
6 放在商店前的腳踏車也加了 Sign Painting。7 像是標誌一樣，更添印象。8 印象會隨不同字型而改變。

※ Sign Painting 的照片皆於街頭找到的。不限於是工藤先生的作品。

Sign Painting是將木材或玻璃當作畫布，歐美常見的傳統技法。描繪在家具或牆壁、鏡子等處，便能輕鬆改造房間。

其代表的技法，有用塗漆描繪的「Paint」、利用專用黏膠寫出文字後貼上金箔等的「Gold Leaf」、用小刀切削素材本身的「Edging」三種。雖然隨著技法與選色風格會不同，但全手工是共同的魅力。「用手描繪出的線不僅很有味道，溫度也完全不一樣。不管怎麼努力，就是沒辦法寫出一樣的字，獨一無二的這一點也很棒呢。為了打造出像自己的空間，我覺得是很好的訣竅。而且就算有點畫歪，因為是自己的房間就沒關係。但是如果是專業的就有點困擾了（笑）。」

雖然基本上是沿著草稿進行作業，但是要用筆畫筆直的線或是圓滑的曲線似乎很困難。「不能太粗魯，但太慢的話也很容易畫歪。用另外一手支撐在外的手，某種意義上，試著勇敢地動筆吧」。慢慢地變色，或是掉色，隨著時間醞釀出復古風，也是Sign Painting的魅力。「只要有道具跟材料就能簡單地進行，請務必嘗試看看。」

在玻璃上以 Gold Leaf 技法描繪文字，放入舊木材做的相框中，打造復古風。

ADVISER

工藤一廣

Kudou Kazuhiro ● 1978年出生於神奈川縣。曾為建築塗裝工，7年前獨立創業。主持「Paint Factory」，經營店舖與車的塗裝，Sign Painting 施工，以及舉辦活動與工作坊，也有販賣工具。

隨便一個廢棄木材，加上 Sign Painting，就變成一個很有味道的裝飾品。

>> 介紹初學者也能輕鬆上手的「Paint」
與更進階的「Gold Leaf」的基本技法！

How to Make Paint篇

要準備的東西

- ☑ 琺瑯塗料（白）
- ☑ 水彩筆
- ☑ 蠟筆（打草稿用）
- ☑ 紙膠帶
- ☑ 調色盤
- ☑ 紙杯
- ☑ 攪拌棒（塗料用的棒子）
- ☑ 稀釋液
- ☑ 刷具清潔劑
- ☑ 尺
- ☑ 碎布

1 打草稿

1 量出想寫的文字的大小，上下左右貼上紙膠帶。文字的寬度也要均等，利用尺規，將寬度依文字數分割，用蠟筆標記。

2 用跟塗料相近顏色的蠟筆打草稿。在習慣以前先畫好輪廓，會比較好畫。

2 調整塗料的濃淡

1 事先用刷具清潔劑洗筆，以碎布輕輕擦乾。紙杯裡倒入 1cm 左右的稀釋液。

2 用攪拌棒取用少量的塗料到調色盤，再用沾過稀釋液的筆混和，調整濃度。

3 在看不到的地方試塗，如果太淡就再加塗料，提高濃度。

3 塗漆

1 沿著草稿進行塗漆。畫直線時不要在途中停下來，用另外一隻手支撐著，筆直地畫過去。文字上下稍微蓋到紙膠帶的話，成品會更好看。

2 趁塗料還沒有乾的時候，撕除紙膠帶。要注意如果正乾到一半的話，塗料會連帶被撕起來而有缺陷。

FINISH!

塗料有點被吃進去的感覺也不錯，但想要再濃一點的話，可以等乾了再塗一次。

「Gold Leaf」篇

要準備的東西

- ☑ 黃銅金箔
- ☑ 金粉
- ☑ 上膠劑（貼金箔的漿）
- ☑ 透明膠（保護用的液體）
- ☑ 水彩筆（上膠劑用與透明膠用）
- ☑ 滾花筒（做出花紋的工具）
- ☑ 紙膠帶
- ☑ 紙杯
- ☑ 刷具清潔劑
- ☑ 刷具
- ☑ 蠟筆
- ☑ 調色盤
- ☑ 攪拌棒
- ☑ 去脂劑
- ☑ 碎布

1 準備底稿

1 準備與實際大小一樣的底稿，並印刷出來。沿著邊框用蠟筆在玻璃上畫線，決定塗漆的位置。玻璃事先用碎步沾去脂劑擦拭。

2 在底稿上放上玻璃，避免偏離在邊緣用紙膠帶固定。玻璃的上面到文字的上下、中間、文字的前端都貼上紙膠帶。

2 用上膠劑打草稿

1 在紙杯中倒入上膠劑，加入一點金粉，用攪拌棒攪拌。因為上膠劑是透明的，如果不加入金粉的話就不知道塗的位置在哪裡。

2 取用少量的上膠劑到調色盤，用刷具清潔劑洗過的筆攪拌。沿著底稿細心地描繪，一邊撕除文字周邊的紙膠帶。最後撕除行間的紙膠帶，等待30 ～ 40 分鐘至完全乾燥。

3 貼金箔

1 文字上面照著箔合紙貼上黃銅金箔紙，並用手指輕輕地撫按，使之緊貼。

2 將箔合紙拿掉，用刷具將多餘的金箔掃除。小心去除後，金箔字便會慢慢浮出。

4 完成

1 文字邊緣等超出的部分，用美工刀等小心地去除。

2 金箔上面用滾花筒按壓扭轉，做出花紋。可以用在全體上，這次就只用在部分，添加視覺重點。

3 為了保護金箔不會變色或是剝裂，塗上透明膠。重點是要塗的時候要超出文字約 0.5 ～ 1mm 左右。

如果想要做出輪廓，可以再度在文字上下貼上紙膠帶，用細刷在文字塗上琺瑯塗料即可。

想要運用在帥氣房間的改造&手作

經由簡單改造，而變得更帥氣的房間內，務必擺上這些東西。只放一個也一定可以讓房間更帥氣。

MOSAIC TRAY

蘋果箱的兒童桌

丟掉可惜的蘋果箱回收再利用。如果無法取得，就用市售的木箱代替。因為是兒童用的，建議選用亮色的。

handmade by
watco（P40）

材料與工具

蘋果箱（長方形的2個、正方形的2個）、桌板用木板、三合板、L型鋼、鉸鏈、磁性門扣、水性塗料（黑）、無光澤清漆、油漆刷、鋸子、電動鑽、螺絲、銼刀、把手

1

將 2 個長方形的蘋果箱與圖示一樣並排，並擺上桌板。

2

用螺絲左右各固定 2 個 L 型鋼。將桌板塗上滴入幾滴水性塗料的液體，乾燥後再塗清漆。

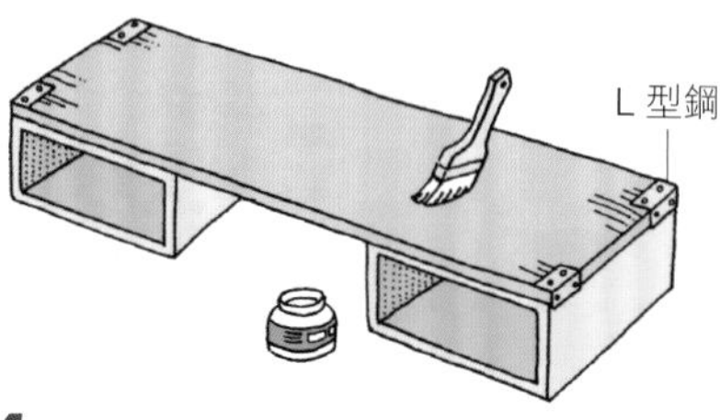

3

做抽屜（上）與掀門（下）。將 1 個正方形的蘋果箱裁切成小一點的形狀，使能放到另外一個蘋果箱中。用螺絲裝上把手。掀門則是將蘋果箱的底板拆除，配合 1 的右邊箱子的尺寸進行裁切。

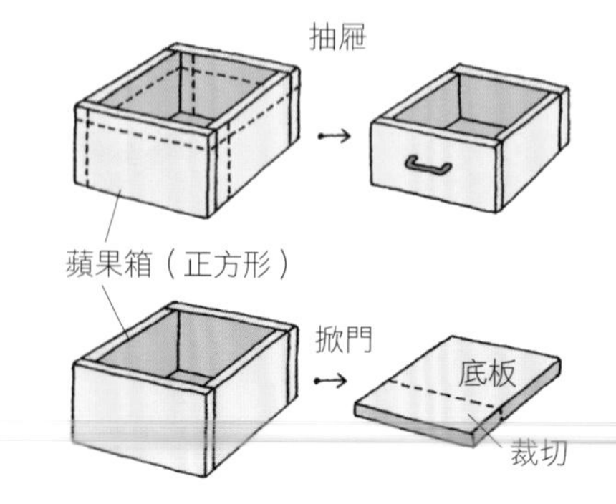

4

將抽屜放入左側的箱子。掀門用的底板用螺絲固定上三合板增加強度。用鉸鏈固定於右邊箱子上，裝上磁性門扣。

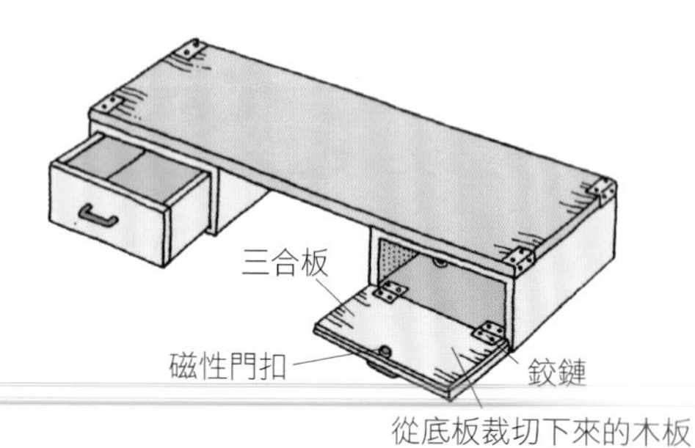

OPEN CLOSET

開放式衣櫃

有點煞風景的衣櫃也能變時髦。用紅酒箱風格的壁紙，便能打造帥氣衣櫃。

材料與工具

水性塗料（粉紅、藍、白、黑）、無膠壁紙、流木麻繩、吊環螺栓、紙膠帶、油漆刷.、螺絲起子、訂書針、尺、美工刀

handmade by
山本瑠實小姐（P26）

1 將固定門與鐵棒的螺絲卸除。

2 先將不用上漆的部分用紙膠帶保護，與水性塗料混合後，將壁板上漆。

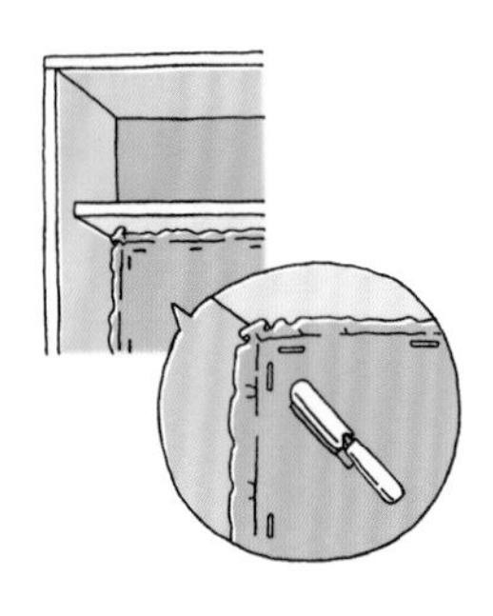

3 將裁切得比壁板稍大的壁紙用釘書針固定。再用尺壓著壁板，以小刀將多餘的部分切除。

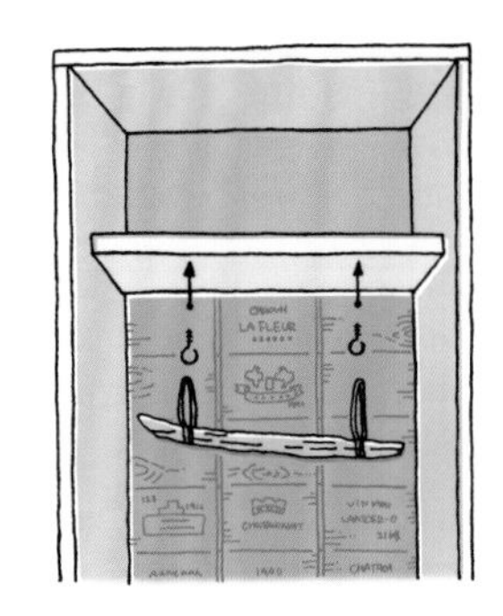

4 在層板的內側裝上吊環螺栓，掛上綁有麻繩的流木

MOSAIC TRAY

馬賽克木板托盤

使用木器著色劑與水性塗料，隨機塗上顏色是重點。把手則選用暗色系的黃銅或是鐵製等。

handmade by
watco さん（P41）

（P41）

材料與工具

剩餘材料、三合板、刷子、木器著色劑、水性塗漆（黑）、鋸子、螺絲、電動鑽、銼刀、木工用接著劑、把手、喜歡的貼紙

Finish

1 決定好喜歡的尺寸後，將剩餘材料裁切成6片底板用的與4片側板用的。將邊緣用挫刀磨滑。用木器著色劑與水性塗料塗上不同的顏色。

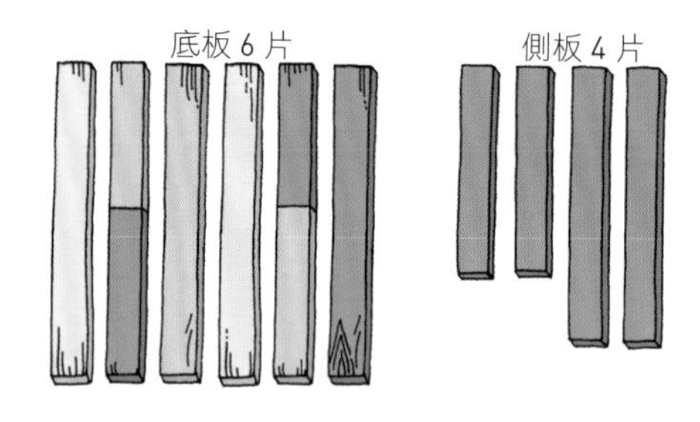

2 將底板用的6片木材用木工接著劑黏接，背面用螺絲鎖上三合板加強。

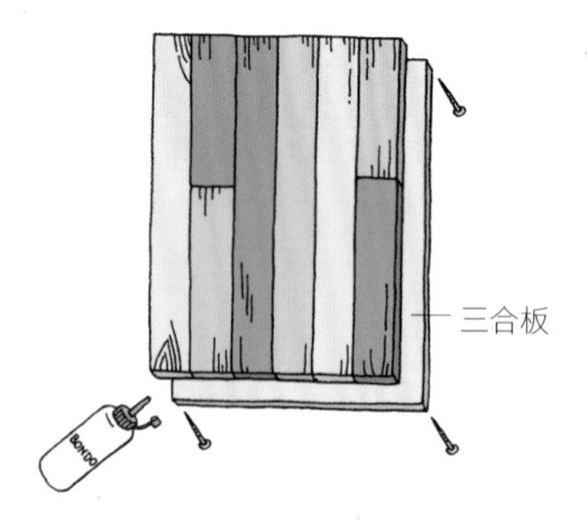

3 立起側板，在2的四周用螺絲固定。

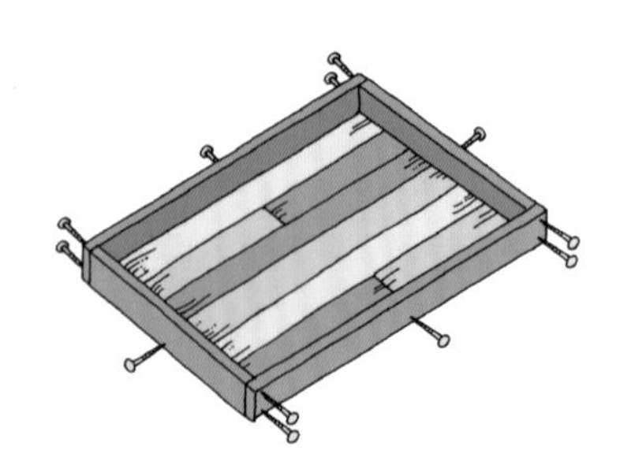

4 裝上把手，貼上喜歡的貼紙。

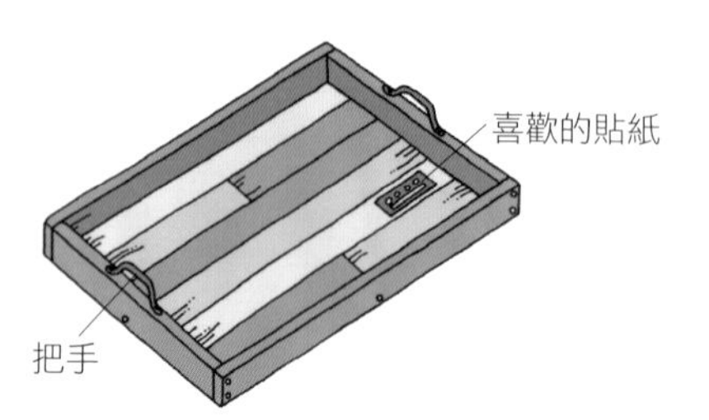

CHEST

昭和風的櫃子

重點在依照遮瑕漆、黑色水性塗料、白色水性塗料的順序，一層一層塗上去，做出仿舊感。換成喜歡的把手也不錯。

handmade by
YUT @小姐（P88）

材料與工具

鋸子、銼刀、遮瑕漆、水性塗料（白、黑）、油漆刷

1 較高的木櫃用鋸子截短。

2 將切口些微有木刺的地方，仔細用挫刀磨滑。

3 塗上遮瑕漆，提高水性塗料的服貼性。

4 先塗上黑色水性塗料，乾了以後再塗白色的水性塗料。

5 為了做出用了很久的感覺，在邊角等容易有傷痕的地方，將白色水性塗料磨除，露出黑色塗料。

Finish

TOOL STOCKER

工具收納櫃

將蓋子用螺絲固定在層板時，要確實鎖緊，以防掉落。只要蓋子是平的，任何空罐都可以使用。

handmade by
YUT@ 小姐（P89）

材料與工具

百圓商店的瓶子、層板用木板、L 型五金、螺絲標籤用貼紙、筆、清漆、刷子、鋸子、電動螺絲起子、霧面噴膠

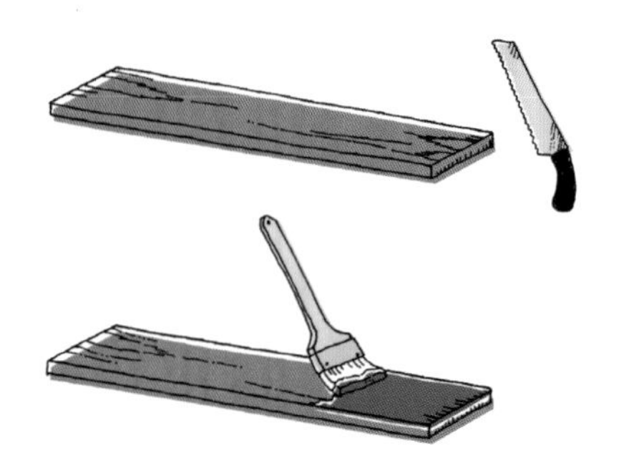

1 裁切層板，塗上清漆

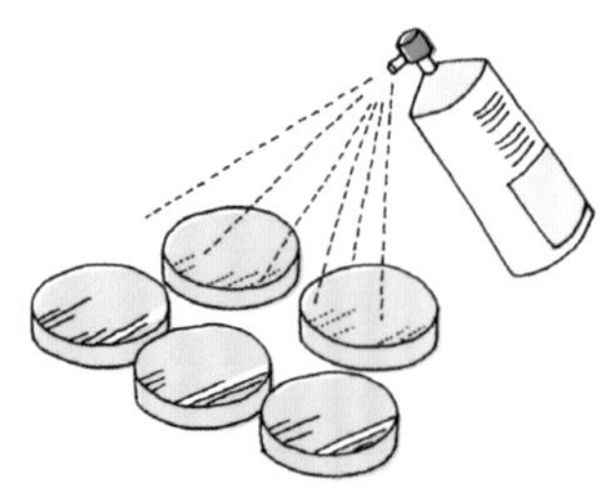

2 為了讓蓋子看起來像用過好一陣子一般，用霧面噴膠讓表面無光澤。

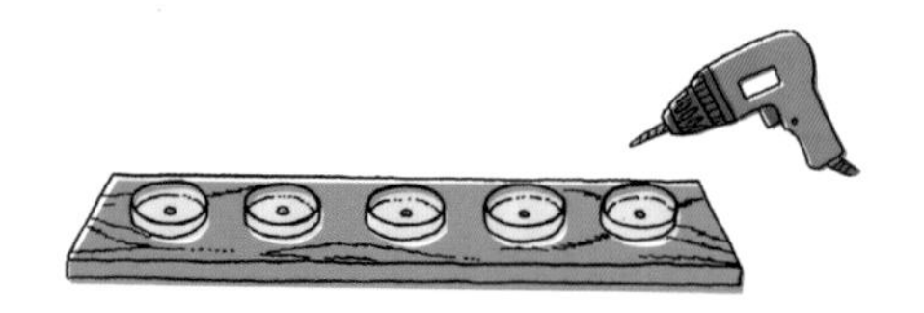

3 將瓶蓋在層板上排成一列，從蓋子的中間鎖上螺絲，固定於層板上。

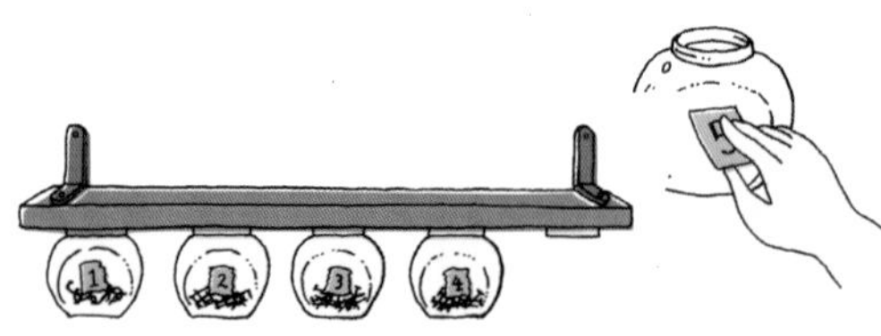

4 標籤用紙上印上數字，貼在瓶子中央。將 3 的成品反過來，用 L 型五金固定於牆面上，並將蓋子與瓶子轉緊。

Finish

WIRE SHELF

金屬網架

將金屬網折成ㄈ字型的時候要以同等間隔垂直彎曲。將層板漆成黑色，會更添加帥氣度。

handmade by
YUT@小姐（P89）

Finish

材料與工具

金屬網、層板用木板、鋸子

1 利用桌子等堅固的部分，將金屬網折成ㄈ字型。

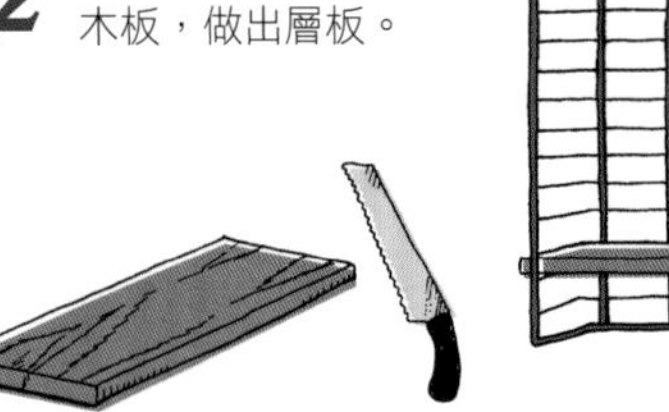

2 配合 1 的尺寸，裁切木板，做出層板。

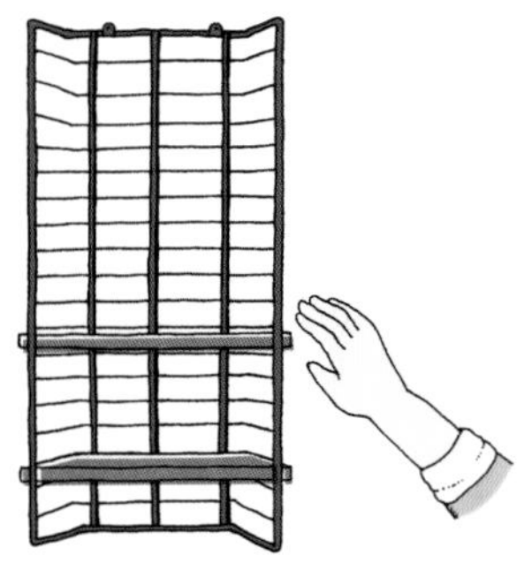

3 在喜歡的地方插入層板。

CUPBOARD

餐具櫃

室內裝飾的喜好改變的時候，就這樣進行改造。如果沒有石材風的噴霧，可以用黑色與茶色的塗料代替。

handmade by
okyon 小姐（P80）

材料與工具

木工接著劑、掛毛巾的棒子（長螺絲可在日用品店找到）、托座 木材（1X10"等）、把手用衫角材、百圓商店的角棒、三合板、筆、石頭風噴霧（黑）、螺絲、紙膠帶、蠟、鋸子、電動鑽、錐子、銼刀、美工刀、碎布等不要的布

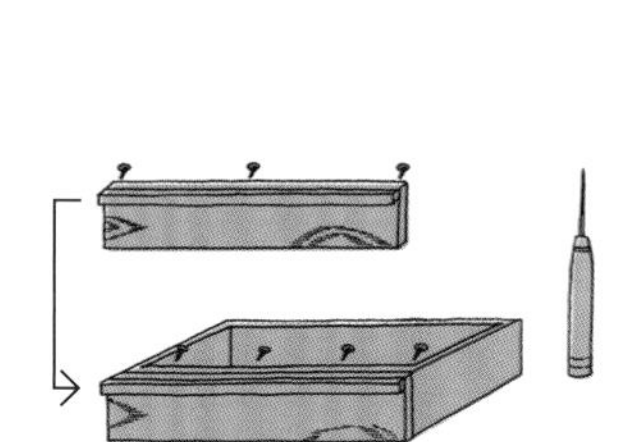

1 先將廚具櫃的把手卸除。在裁切成抽屜面板的木板上，用螺絲裝上作為把手的木材。再將此板從背側用螺絲固定在抽屜前方。最好事先用錐子打洞。

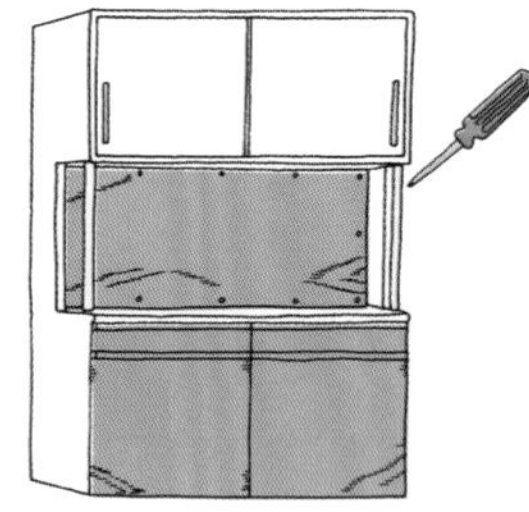

2 將三合板用螺絲固定在廚具架中層的背板部分。

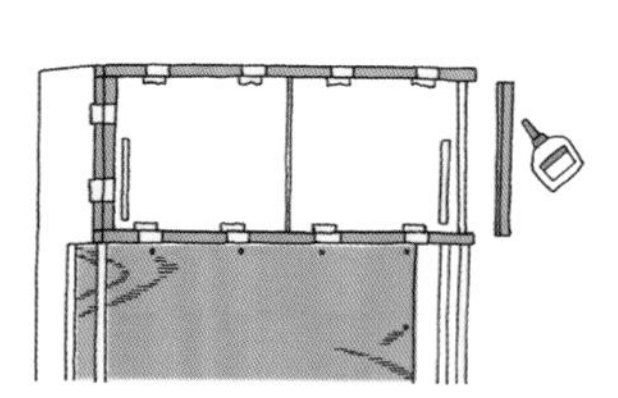

3 廚具櫃的外框用木工接著劑黏上適當尺寸的角棒。在乾燥前先用紙膠帶固定。

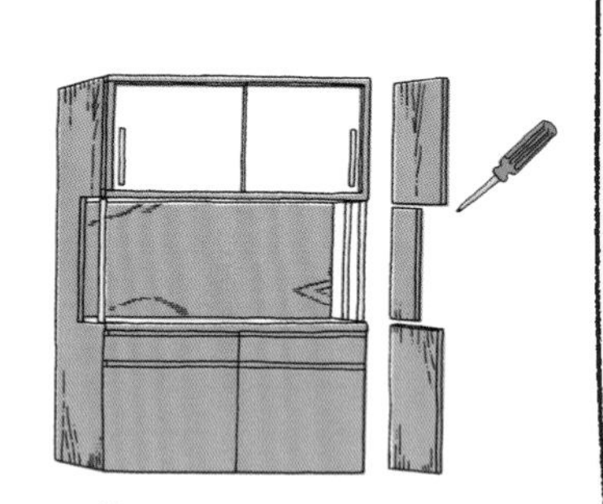

4 側面用螺絲裝上木板。

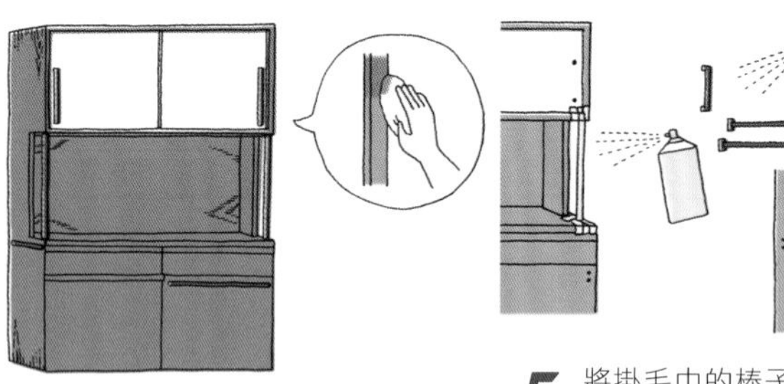

5 將掛毛巾的棒子與托座、原本的金屬把手用石材風噴霧噴漆。能拆掉的零件先拆下來噴漆，再裝回去。無法拆的部分就在周圍貼上紙膠帶，以免被噴漆噴到。

6 木材部分塗上蠟便完成。

WINDOW

廁所的小窗

在簡單的廁所小窗上加上內窗，改變印象。防風撐桿可在日用品店購買到。

handmade by
okyon 小姐（P64）

材料與工具

木材、防風撐桿、樹脂玻璃（噴砂透明厚3mm）、木工接著劑、透明樹脂填縫劑、附插銷的鉸鏈2個、扒釘（把手用）、螺絲、電動鑽、螺絲起子、P型刀、鋸子、固定填縫劑用的磚瓦、刨刀或磨光機、蠟、刷子、鐵鎚

1 事先將木材上蠟。

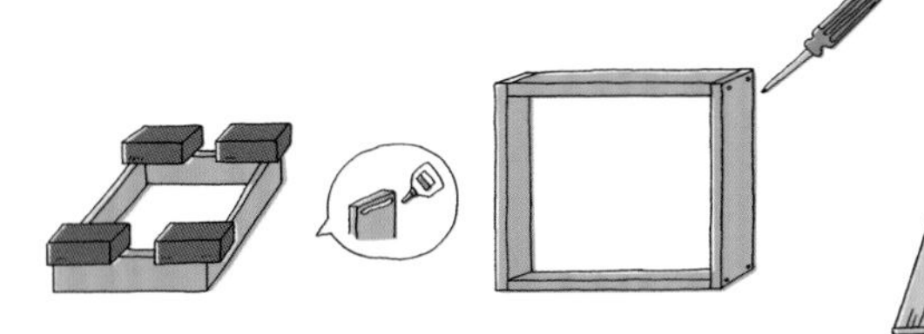

2 做出外框。裁切與原本的通風窗一樣大小的木材。裁切好的木材先用木工接著劑固定。為防止木材彎曲，用磚瓦壓住。接著劑乾了以後用螺絲固定。

3 與 2 的方法一樣，做出內框。十字部分用木工接著劑固定。鎖上螺絲。

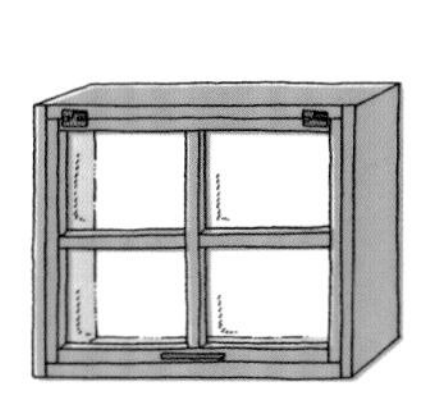

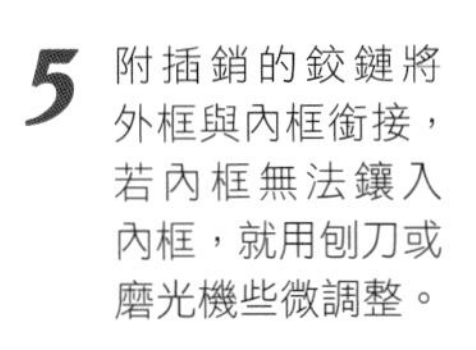

4 將樹脂玻璃配合內框的尺寸裁切，由十字的內側以樹脂填縫劑固定，鎖上螺絲。

5 附插銷的鉸鏈將外框與內框銜接，若內框無法鑲入內框，就用刨刀或磨光機些微調整。

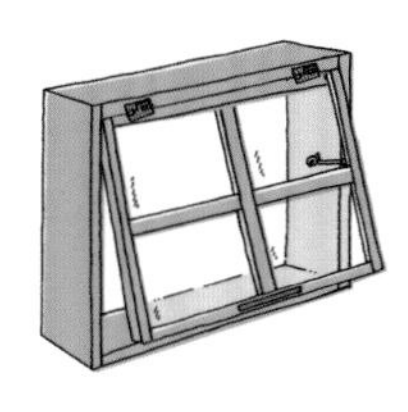

6 裝上防風撐桿，確定換氣時能正常開啟。

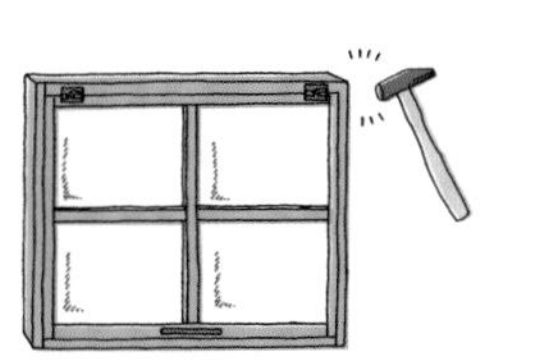

7 用鐵鎚將外框鑲入透氣窗。

改變地板與牆面的實踐訣竅

SPECIAL COLUMN

租屋處適用

1

廉價感的氯乙烯地墊的地板與髒污看起來很明顯的壁紙，能自行改造煥然一新。在這裡介紹自己實際進行改造的，來自早乙女小姐的盥洗空間示範。

洗手台原本有著斑點圖樣的地板與髒掉的壁紙。「洗手台能特別感受到屋齡 20 年的老舊感。很在意發黑的暗沉牆面與看起來很廉價的地板花紋。」

拆掉洗手台的壁面收納架，貼上仿舊風的壁紙與木材風的地板材料，大大變身成時髦的盥洗室！裝上了圓形的大鏡子，與玻璃層板。電器配置則請有證照的專業人士協助。

改變地板

如果是不用接著劑的嵌合式地板材料，便可能恢復原狀。只要配合尺寸裁切，用家裡既有道具就可以簡單進行作業。

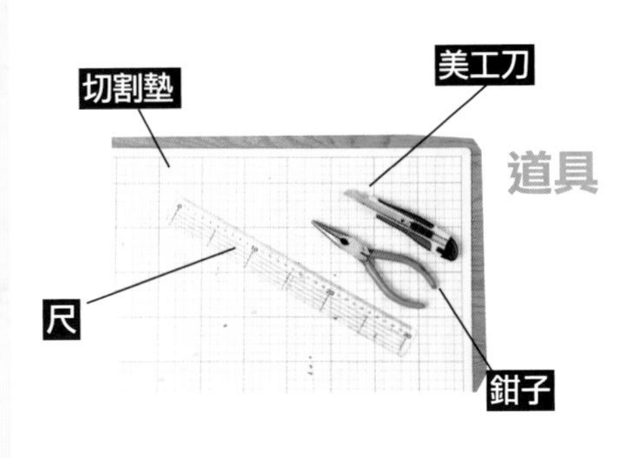

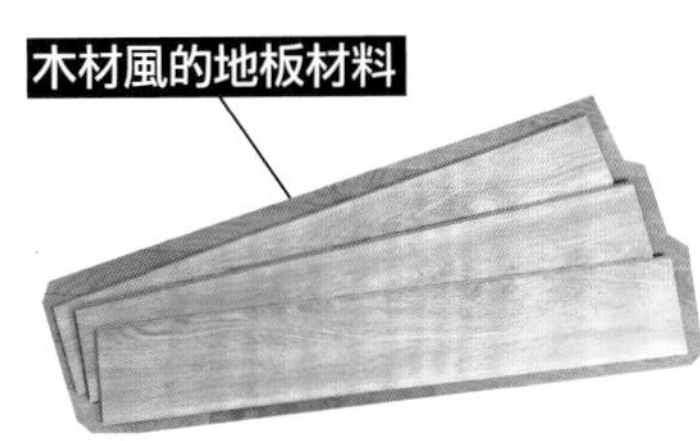

材料
這裡使用「壁紙屋本舖」的舖地磚「G-LOC地板」。

1 在地板上試擺看看

在鋪墊上排放地板材料。從入口進來時看到的是橫向的話，更有俐落的感覺。

Point!
前端交錯配置，會讓接縫的線較不明顯，看起來更自然。

2 裁切地板材料

配合多出來的空間，裁切地板材料。反過來用切割刀劃 3 ～ 4 次，做出切線。

3 在表面做出切線

拿著兩側，沿切線折地板材料。翻到表面，再沿著折線用切割刀劃 1 ～ 2 次，裁切地板材料。

4 接合

稍微控制地板材料長邊的角度，將凹凸鑲嵌並固定。

5 裁切細長部分

用 3 的辦法，用切割刀劃出切線後，用尖嘴鉗一邊折彎一邊切斷。鑲嵌後便完成。

改變牆面

選用「可以貼在壁紙上的壁紙」便可以恢復原狀。要剝除舊壁紙的時候，先徵得房東的許可再進行作業吧。

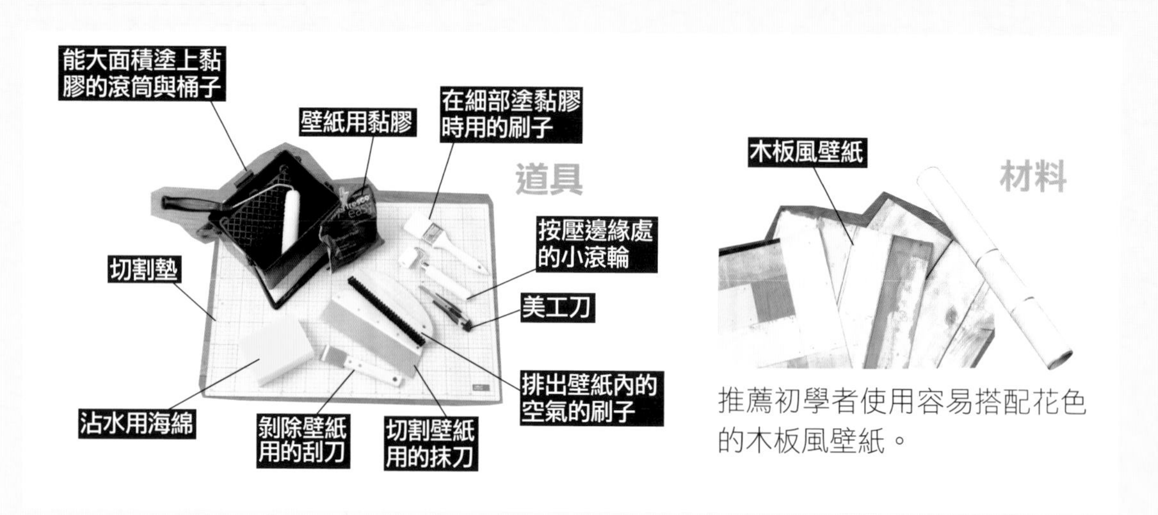

推薦初學者使用容易搭配花色的木板風壁紙。

1 剝除舊壁紙

START!

注意小心不要傷害牆壁，用小刀從壁紙的邊緣將壁紙掀起來。

2 露出底板的狀態

手拿著壁紙的一端，用拉的將壁紙撕除。黏得較緊、不容易撕除的地方，用刮刀輔助。

Point!

牆壁上有孔的時候，
就用補土填平。
乾了以後再用磨光紙，
將凹凸處磨平，
就能變得更美觀。

3 裁切壁紙

配合牆壁的尺寸，用小刀裁切壁紙。貼到牆壁後，也可以用抹刀將多餘的部分切除。

Restoration

4 在牆面塗上黏膠

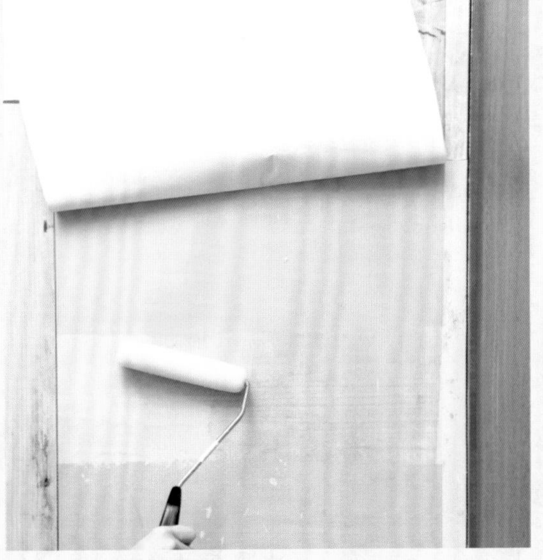

壁面上的灰塵用抹布或是吸塵器清乾淨，再用滾輪塗上壁紙用黏膠。細微部分使用刷子就不會漏塗。從這裡開始就是使用附有黏膠的「可以貼在壁紙上的壁紙」。首先將背面的膠撕開約 20cm，貼在牆壁上半部，確定好位置後，再將 50cm 左右的膠撕開貼上。

5 與壁紙貼合

小心不要貼歪，將壁紙貼合。用有圖案的壁紙時，貼的時候要更慎重地對齊。

6 擠出空氣

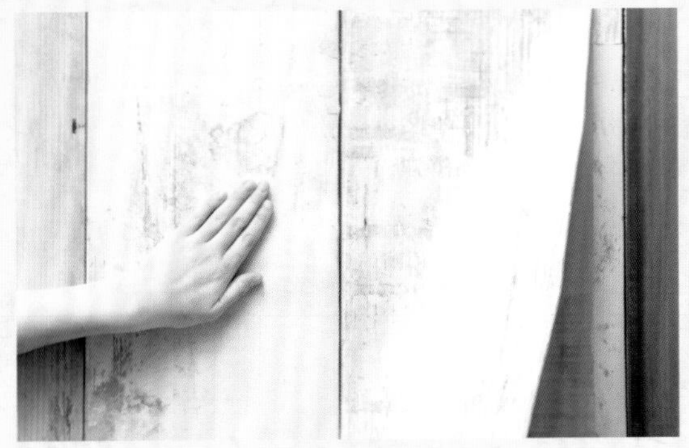

用手將空氣排出，仔細將壁紙黏好。難以將空氣排出時，用抹刀輔助。

7 用滾輪按壓邊緣處

FINISH!

容易掀開的邊緣處用滾輪按壓。用沾了水的海綿將溢出的黏膠擦拭掉。

在恢復原狀時能派上用場的方便道具

SPECIAL COLUMN 租屋處適用 2

**收集在有義務要恢復原狀的租屋處，也可以進行改造的素材。
也來確認看看不小心留下痕跡時可利用的修補工具。**

無痕雙面膠帶

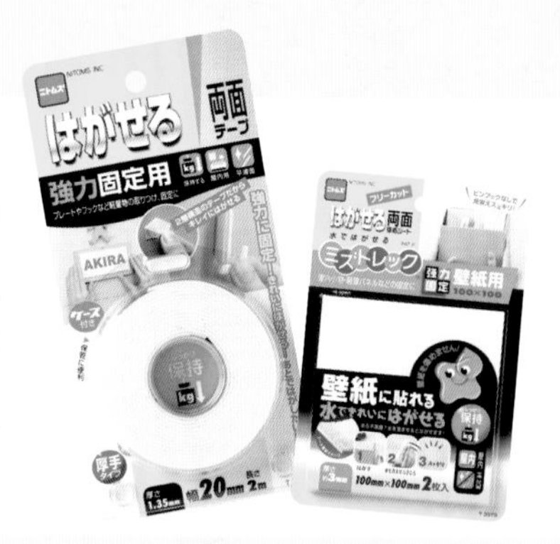

（左）無痕雙面膠帶 超強力固定用（加厚版）價格不定、（右）無痕雙面膠帶 固定壁紙用 100X100 價格不定／Nitoms

將兩個素材黏接時常見的材料。若使用能撕除的類型，在廚房的貼上磁磚桌板，或在牆壁上貼護板風的裝飾時，非常方便。超強力、加厚版等，依照使用的地方選用不同的類型。

※ 黏貼處可能隨時間變化，長時間使用時需注意。

無痕壁紙用黏膠

能將壁紙無痕撕除而受到注目，較多是歐美製的不織布壁紙素材專用的黏膠。能貼在壁紙上，撕除時也不會留下殘膠。也可以像 N 次貼一樣重複黏貼。

（左）super fresco easy 731 日圓、（右）Mataharu 君 2550 日圓／壁紙屋本舖

壁貼

（左）Green Tree of Life AY215 2138 日圓、（右）Flower & Bird AY821 1922 日圓、（下）Butterfly & Flower AY817 1922 日圓／Dream Sticker

貼紙型的壁貼，最推薦給覺得壁紙全部重貼相當麻煩的人。可以自由貼在喜歡的地方，動物、植物、建築物、文字等，有各種主題與設計風格是其魅力之處。

吸附型膠帶

可防止地毯跟軟墊移動，固定於地板上的素材。非無法卸除的黏著劑，而是經過特殊加工的製品的話，就可以不會傷及地板也能輕鬆恢復原狀。可用喜歡的花樣與素材改造地板。

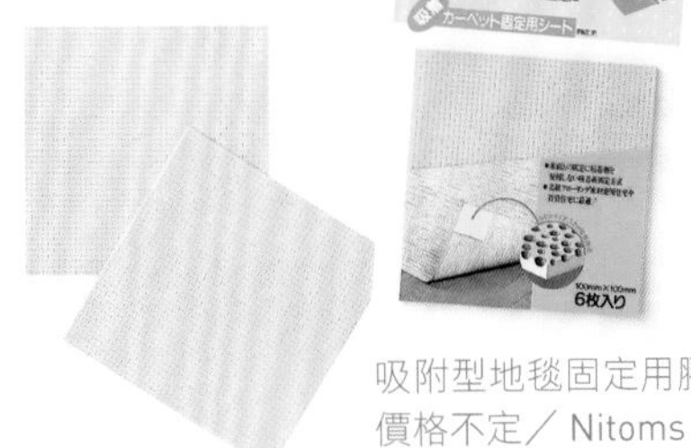

吸附型地毯固定用膠帶
價格不定／ Nitoms

木板壁用調整腳

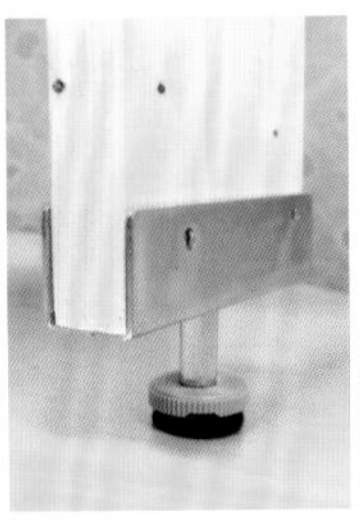

1X4" 調節腳五金五金 2 入組 972 日圓／ Wall Style

無法在牆壁上直接打入釘子時，也可以打造木板壁的素材。配合天花板的高度調整並調整，令人安心。有伸縮棒式等各種種類，方便使用的好選擇。

玻璃貼片

可用水或肥皂水貼上，且能撕除的貼片。貼片的花紋不僅能改變氛圍，也有防窺、遮陽、隔板、絕熱等多種效果。只要裁切需要的尺寸即可使用，非常方便。

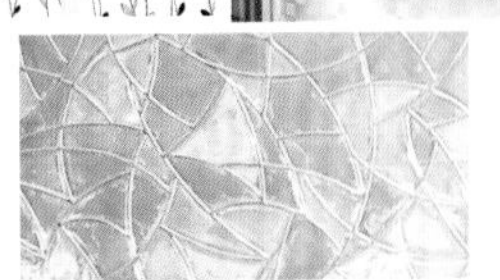

玻璃窗貼片（左）常春藤木隔板貼片 1188 日圓、（右）加厚版！ J-18 1836 日圓、（下）加厚版！閃閃發光 J-03 1836 日圓／ BiBi world

地板磚

（左）貼地式杉木無塗裝（8 片入） 11108 日圓、（右）貼地式杉木胡桃木（8 片入） 19514 日圓／地板材料專賣店 Floor Bazaar

磁磚狀的地板材料。只要排列即可，不管是全體還是部分，都可以輕鬆改造。選用背面是防滑的橡膠材質等，不需要用黏膠黏貼的種類吧！木製、布製、塑膠製等，有多種素材與花色。

牆壁&地板修復組

可用於填補牆壁的釘子孔與地板凹陷處等的補土。注入、塗抹、融化後埋入等，市面上售有各種類型，可先確認需要修補部分的素材及顏色、傷害的程度、耐久性的必要度等再行購入。

（上）補洞職人十字紋用 價格不定、（下）Easy Repair 黑 價格不定／ HOUSE BOX

為了打造帥氣的房間
來參觀大家的道具＆材料！

請本書中展示了改造雜貨與家具的大家，
來介紹喜愛的道具。務必參考看看喔！

攝影／大西二士男、佐佐木孝憲、橫田公人　取材 文章／鈴木久美子

山本瑠實小姐
（於P22～介紹）

對環境友善的油漆以塗裝改變風格

山本小姐是「比起重新購買，我是改造派」。為了從自然風格轉變到個性風，用喜歡的塗漆塗裝，輕鬆讓空間變身。

◀ 購入新屋時就開始改造。現在正在轉移到個性風的室內裝飾。

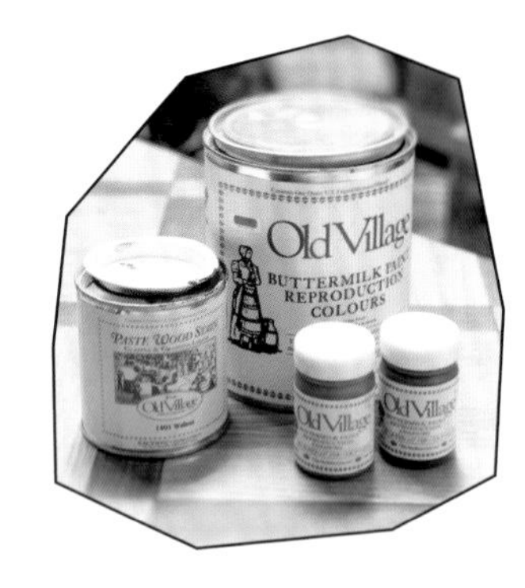

▲ 使用美國製的「Old Village」。使用天然素材，對環境友善的塗料。

Haru小姐
（於P58～介紹）

集合住宅更是需要改造點子

Haru小姐的煩惱是「集合住宅無法使用電動工具，也得考慮到之後要恢復原狀」。使用不會發出聲音的道具，也小心留意不要傷到牆壁跟門。

▲ 推薦的是「藤原產業」的迷你鋸，與「RELIFE」的電鑽。

山田榮子小姐
（於P82介紹）

慢慢收集道具
從中選擇用得最順手的

山田小姐說「一開始不知道要選擇什麼樣的道具才好」。先跟先生借來用，習慣了以後，就購入自己專用的。現在已經是個道具通了。

◀ 除了水性油漆與木器著色劑外，也常用黑板塗料等。

▲ 改造與 DIY 時的必備道具是「LIFELEX 的」輪鋸機。

新岡沙季小姐
（於P86介紹）

能立刻增購的塗漆
大量購入刷子備用

新岡小姐幾乎每天享受著塗漆的樂趣。「在日用品店購入能經常增購，顏色豐富的塗漆。消耗品的刷子則是在百圓商店購買。」

▶ 依造不同的角落與物品，使用不同的塗漆。喜歡的顏色其中之一是綠色。

▲ 使用較沒有味道的美國製塗漆。在日用品店購入大容量的包裝。

井上明日香小姐
（於P88介紹）

螺絲與迴紋針
放進罐子或小袋子收納

井上小姐說「因為在公寓施工的話會給鄰居帶來麻煩，有時候會回娘家用」。將工具收納在玄關，並將螺絲與迴紋針放進罐子與小袋子收納，就能輕鬆帶出門。

◀ 將架子漆上帥氣的灰色。跟水泥牆也很適合。

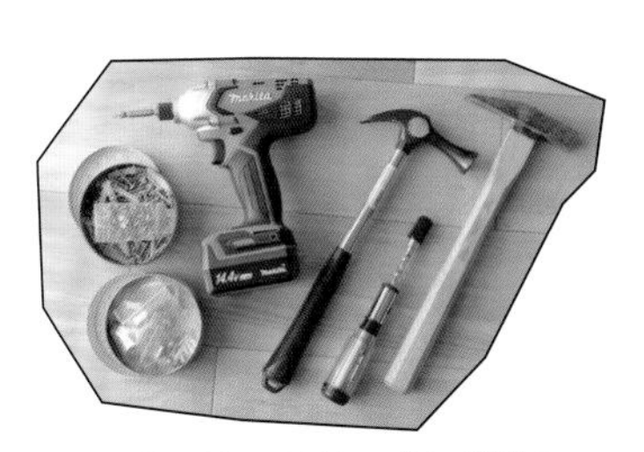

▲ 愛用的工具是，往下鑽洞時非常好用的「MAKITA」電動鑽。

收集了改造時，專家們推薦的素材！

商店&網路商店導覽

介紹販售改造時相當好用的素材的商店&網路商店。
一定可以找到自己喜歡的素材。

採訪 文字／
菅原夏子、田中 HONOKA

家具、燈具、細部素材等，散發帥氣的光芒

工業風或仿舊風的燈具與家具等，主要是成熟帥氣的設計。現在流行的巴士道路標誌的壁毯、或是以配管為發想的鐵棒架等，能找到許多吻合帥氣裝潢的雜貨與家具。開關蓋與遮罩等，讓燈具更帥氣的細部素材也很受歡迎。

shop data

北海道帯広市西3条南35丁目1番地9
電話　0155-47-7750
營業時間　11 時～ 20 時 公休日 週二
http://www.rakuten.co.jp/a-gleam/

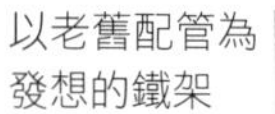
以老舊配管為發想的鐵架

北海道 hokkaido a gleam

能輕鬆裝在牆壁上的開關蓋

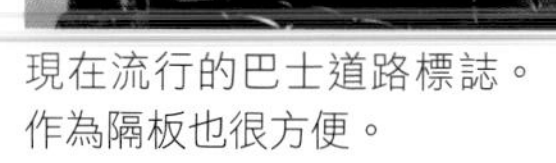

現在流行的巴士道路標誌。
作為隔板也很方便。

東京
tokyo

PMC PERMANENT

帥氣風的新商店
能磨練室內裝飾的品味

在中目黑新開幕的精品店。從日常穿著到日常用品等，以「日常」為主題，以男性取向為主的店面，的確是非常帥氣的室內裝飾。也可以找到美國製的數字牌與仿舊風的開關蓋等，能利用再改造的素材。也有兼設咖啡廳，推薦可以悠閒地去喝杯茶，磨練一下自己的室內裝飾品味。

嚴選有用再久也不會膩的設計的日常用品。

shop data

東京都目黑区中目黒1-4-21-101
電話　03-6451-2753
營業時間　12時～19時 公休日 週三
http://www.pmc-permanent.com/

令人想要模仿的照明與牆壁的擺飾

也有女性尺寸的中性衣著。數字牌等改造用素材也很帥氣。

東京 Malto

骨董到室內裝修用零件
精選獨特的世界觀

店內精選了各種國家與時代的雜貨與家具，為複合風格。在店裡就像是迷路在不可思議的國家的愛麗絲一樣。除了直接進口的骨董，把手與掛勾等室內裝修用的零件也是原創自製，並以能輕鬆購入的價格販賣。

各種顏色與尺寸的陶瓷製門把。

簡單又充滿個性的樹枝掛桿（上）。充滿異國風情的店面，能開心地尋寶。

shop data

東京都杉並区高円寺南2-20-17
電話　03-3318-7711
營業時間　12 時～ 20 時 公休日 無
http://www.salhouse.com/

東京 Orne de Feuilles

NET
SHOPPING
OK!

在復古風商店購入
巴黎風情的素材＆材料

以巴黎郊外的獨棟住宅為主題的店面。在這裡可以一口氣買到充滿洗鍊風格的材料與素材。推薦的是美麗的歐洲風色調的自製塗漆與塗漆工具。其他還有很有風情的掛勾與五金等，復古風的零件類也很豐富。

嚴選了 10 種顏色的 DIY 自製塗漆。

只要滾一滾就可以用塗漆做出很有味道花紋的滾花筒。

shop data

東京都渋谷区渋谷2-3-3青山Oビル1F
電話　03-3499-0140
營業時間　11 時～ 19 時 30 分
週日 假日 11 時～ 19 時
公休日 週一（遇假日則營業）
http://www.ornedefeuilles.com/

東京 COLORWORKS
tokyo

能安心改造家中
對地球與身體相當安全的塗漆

販售各種改造必需品的塗漆用具，就是 COLORWORKS。有從英國進口的最佳品質的塗料，與豐富的顏色選擇，是相當受歡迎的商店。全部的商品都是對環境與身體不會造成傷害的水性壓克力塗漆是其特徵之一。展示間有配色建議與塗漆方法的課程等，相當親切的支援服務。

有 1488 種顏色可以選的原創塗漆「Hip」。好塗又安全安心。

塗了就可以寫粉筆字的塗料與有磁性的塗料。

能從店內的顏色樣本選擇喜歡的顏色。能當場立刻調色，直接帶回家。

shop data

東京都千代田 東神田 1-14-2
カラーワークスパレットビル
電話 03-3864-0820
營業時間 10 時～ 18 時
公休日 週日 ・ 假日
http://www.colorworks.co.jp

tokyo

WALPA STORE GINZA

能輕鬆改造家具的壁紙。

能活用於改造將國外設計的壁紙快速傳到日本！

精選世界各國最新設計的壁紙，在店內展示讓人能輕鬆選購的熱門壁紙專賣店。能實際上看到、摸到，親自體驗壁紙，相當受到喜歡改造與 DIY 的人的歡迎。也會舉辦教授活用法的工作坊。

東京都中央区銀座1-8-19 キラリトギンザ3F
電話　03-3564-1271
營業時間　11 時～ 21 時 公休日 無
http://walpa.jp/

將金屬製的椅面與椅腳用壁紙與塗漆改造。只需要一點點壁紙就可以完成

愛知

aichi

TRIMSO

散裝販售水槽與天花板用的磁磚。

在喜歡的室內裝飾上加上量身訂做的倉庫風素材是其魅力

開端是「想要更輕鬆地享受室內裝飾」的室內裝飾商店。有溫度的訂製家具與中古家具為主。五金與磁磚等隨性的倉庫風改造素材也很齊全，提倡適合各種生活的獨創住家打造。

愛知県春日井市勝川町2-6-9
電話　0568-36-9730
營業時間　11 時～ 18 時 公休日 週二～六（只於週日、一營業）
Trimso.net

設計簡單的黃銅五金種類也很豐富。只要裝上去就能增加帥氣。

大阪 osaka みどりの雜貨屋（梅田店）

復刻早期美國色調的塗料

仿製的高麗菜盆。也能用塗漆改造。

shop data

大阪府大阪市中央 難波 5-1-60
なんば CITY 本館地下 1 樓
電話　06-6644-2487
營業時間　10 時～ 21 時 公休日 不定休
http://midorinozakkaya.com/

盆栽 + 雜貨
室內裝飾與花園也能時髦加倍

以「盆栽 + 雜貨 = 更可愛」的概念為主題，兩者的品項皆相當齊全的新型態商店。自然 & 仿舊的店面中，苔盆與陶瓦、馬口鐵與琺瑯製品等，滿是能應用於改造的素材。

大阪 osaka SQUARE

能取得隨性又帥氣的鐵製零件的
鐵製家具專賣店

提倡組合鐵製品 × 木頭的帥氣家具。例如只買鐵製的桌腳，再加上原本就有的桌板，就完成了獨創的家具。有各式各樣的鐵製零件，想要自由運用在改造的人會相當開心。

鐵製品 × 木頭，相當帥氣的店面。

桌腳為鐵製的暖桌。任何季節都可以使用。

shop data

大阪府箕面市石丸 2-4-20
電話　072-737-7588
營業時間　10 時～天黑為止 公休日 週四
http://www.square-factory.com

廣島 WOODPRO Shop&Cafe

hiroshima

2 樓擺滿相當受歡迎的改造用素材。

WOODPRO 融合雜貨與咖啡廳 充實的實體商店令人開心

在網路上販賣利用中古棧板重製的家具與素材的 WOODPRO。在廣島市開設，以 Shop & Cafe 為起點的實體商店，將商品與雜貨一同陳列，各處都是改造與 DIY 的點子。特別是店舖的二樓擺滿了舊木材與鐵製品，是改造用素材的寶庫。也隨時會舉辦塗漆與製物課程。

去光後立刻可以使用的棧板（下）等，用可輕鬆購入的價格販賣優良品質的素材。

shop data

広島県広島市西 商工センター2-7-21
電話　Shop 082-961-3451 Café 082-961-3452
營業時間　Shop11 時～ 19 時 Café 11 時～ 17 時
公休日　不定時公休（詳情請參見官網）
http://woodpro-shop.com/
WOODPRO 本店
電話　0829-74-3714
http://www.woodpro21.com/

從家具到 DIY 素材，品項豐富的網路商店。

兵庫 Private shop MOKU
hyogo

NET SHOPPING OK!

木頭、鐵片與雕刻磚瓦文字零件

各種品項相當齊全 一定能找到喜歡的素材

雜貨與家具，連衣服都有，以生活為主題，品項種類齊全，令人開心的精品店。舊木材與廢棄材料、零件類等，可利用在改造時的素材也相當講究齊全的品項。復古風、倉庫風的氛圍，也能買到其他地方沒有的原創素材。

兵庫県姫路市北条永良町22番地
電話　079-222-1288
營業時間　10 時～ 19 時 公休日 週一（遇假日則營業）
http://www.moku.ne.jp

在舊木材上貼上文字的改造點子。也有販售舊木材與老木頭、廢棄材料等。

熊本 BLANC INTERIOR
kumamoto

能為生活形態帶來刺激 硬派與倉庫風的室內裝飾

提倡硬派與倉庫風室內裝飾的商店。鐵製品、白鐵、仿舊木等活用素材原有樣貌的隨性家具與粗獷的改造素材相當適合。也有販售黑板用塗料與鐵製、黃銅製的零件、棧板等素材。

熊本県熊本市中央区出水7丁目680-1
營業時間　11 時～ 19 時　定休日　第一水曜
http://www.com-project.jp/

陳列著五金與塗漆類的鐵架。

將隨性的家具與溫暖的氛圍搭配。能當作室內裝飾參考的店內。

HL&CO. MANUAL INDUSTRIES

手工做的復古品
讓房間的氣氛更帥氣

製作販賣獨創的巴士道路標誌與復古海報、拼圖等的商店。忠實再現生鏽與污痕的商品，只是擺飾出來就會讓印象改變。巴士道路標誌有 4 種尺寸。再現了接近 1940 年代所使用的字型。

只是裝飾在房間就能改變印象的巴士道路標誌。

以舊標誌與指示牌為概念的復古板。

用布魯克林的文字排版地圖海報。

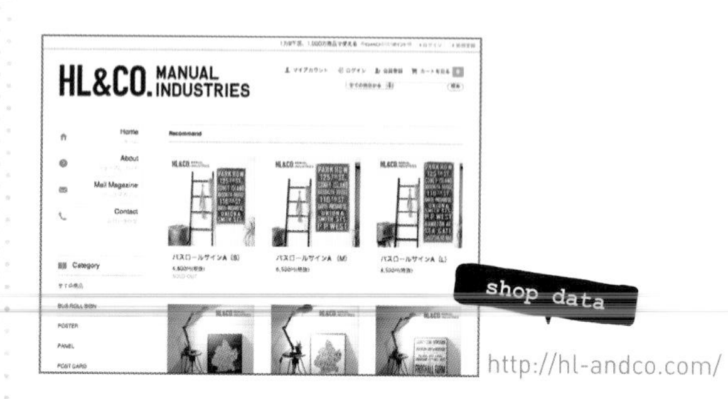

shop data

http://hl-andco.com/

壁紙屋本鋪

NET SHOPPING OK!

備有附黏膠的壁紙到設計感十足的壁紙

販賣數量眾多的日本製進口壁紙與地板材料、塗漆等 DIY 實用商品的商店。人氣 No1 的是荷蘭製的設計品牌「Piet Hein Eek」的「廢棄材料壁紙」。另推薦利用錯覺畫的真實感設計「磚瓦紋壁紙」，是原為舞臺設計家的「KOZIEL」所設計的。貼上後能剝除的「Hatte me!」殘膠少且防水，也能使用在桌面與廚房。

獨創設計的改造用壁紙。尺寸與花紋都很多種。

shop data

http://www.rakuten.ne.jp/gold/kabegamiyahonpo/index.html

2011 年，世界第一的廢棄材料設計的壁紙。

皮製的沙發與椅子相當適合。

Reclaimed Works

NET SHOPPING OK!

發送以「再生」為主題的素材與點子

販售以加州為主的在地品牌的家具或美洲紅松的舊木材、美國製的室內裝飾用金屬製品。用從美國西海岸進口的美洲紅松舊木材切薄製成的 DIY 素材，可用雙面膠帶與接著劑，黏在牆壁或是家具上。厚度有 3 種可選，長度則會依 15cm ～ 90cm 不等的長度隨機送貨。

美洲紅松舊木材的使用範例。

shop data

http://www.reclaimed-works.com/

可訂做尺寸的桌板

用原創的五金組合的架板。

mon.o.tone

NET SHOPPING OK!

帥氣地將「白・黑・灰」融入房間中

依照「白、黑、灰」不同的組合方式，能將氛圍變得帥氣也能變得優雅的。販賣許多用此3色組合的雜貨與小物，書套與室內裝飾、紙藝品等也相當豐富。

shop data

http://www.rakuten.co.jp/mon-o-tone/

內含A3尺寸10種設計各5張。

配合手寫風的氛圍，使用樸實的軟墊（無光澤）。

設計簡單的瓶子，只是加上收納用標籤，就變得更帥氣。

North6 Antiques

NET SHOPPING OK!

從歐洲等各處採購而來的裝飾素材

販售英國、法國、德國等歐洲各地為中心採購而來的帥氣工業風素材與復古風家具。有各種尺寸與顏色的英文字，能組合成各式各樣的擺飾。

用半透明素材製成的英文字。

shop data

http://www.north6antiques.com

內容物不同就有不同樣貌的玻璃球。

224★BASE

A4尺寸與A3尺寸的印刷布料。

將印刷布料加工為室內裝飾加分

因應店長所需而生的商店。販賣印刷布料與明信片、海報等。除了文字與數字的設計，也有像美國漫畫一樣繽紛的圖畫。因為材質是布，也可以嘗試改造成枕套與杯墊。

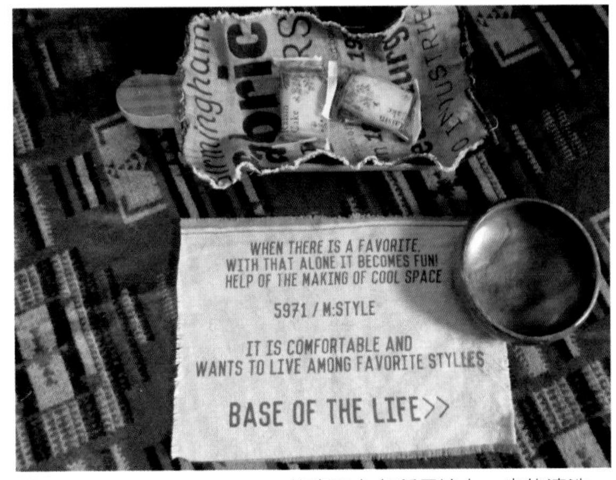

能應用在各種用途上，也能清洗。

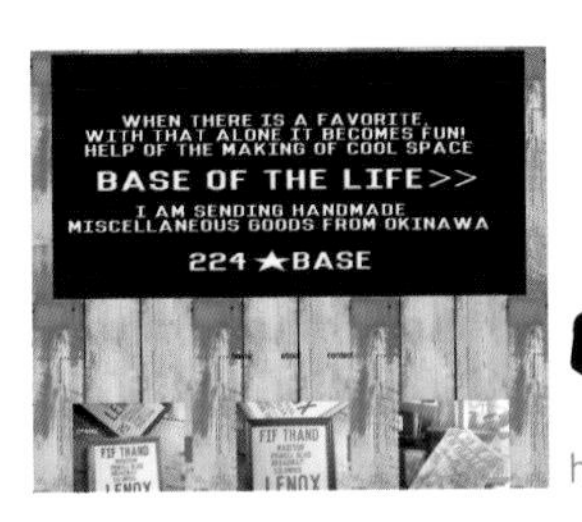

shop data

http://Base224.handcrafted.jp/

FAKEGREEN+zakka

跟真品一模一樣的盆栽與雜貨一起裝飾

專門販售人造草與人造花的商店。嚴選與真品相當相似的盆栽與花。放在復古瓶罐中裝飾，就能打造帥氣的氛圍。也有販售動物素材與琺瑯等與人造花草相當適合的雜貨。

蓬蓬草相當適合帥氣的室內裝飾。

能享受各種擺飾方法的空氣鳳梨。

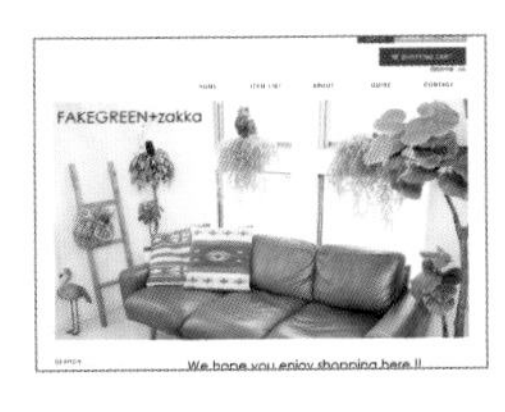

shop data

http://www.kusakabegreen.com/

國家圖書館出版品預行編目(CIP)資料

Café風格室內輕裝358招 / Life&Foods編輯室著；汪欣慈翻譯. -- 初版. -- 臺北市：樂知, 2017.09
面； 19*25公分
ISBN 978-986-94379-6-7(平裝)
1.家庭佈置 2.室內設計

422.5 106016320

Café風格室內輕裝358招

部屋をかっこよくリメイクする本

作　　者　Life&Foods 編輯室
總 經 理　李亦榛
特　　助　鄭澤琪
企劃編輯　張芳瑜
封面設計　盧卡斯工作室
內文編排　何仙玲
出版公司　樂知事業有限公司
網　　址　www.sweethometw.com
辦公地址　台北市中山區長安東路 2 段 67 號 9 樓之 1
電　　話　02-25067967
傳　　真　02-25067968
EMAIL　sh240@sweethometw.com

總 經 銷　聯合發行股份有限公司
地　　址　新北市新店區寶橋路 235 巷 6 弄 6 號 2 樓
電　　話　02-29178022
傳　　真　02-29156275

製　　版　彩峰造藝印像股份有限公司
印　　刷　勁詠印刷股份有限公司
裝　　訂　明和裝訂股份有限公司

定價 新台幣 380 元
出版日期 2017 年 09 月初版一刷